Sudheer Babu Arumbaka

Efeitos da alimentação de borregos com dietas extrudidas com expansor em borregos

Sudheer Babu Arumbaka

Efeitos da alimentação de borregos com dietas extrudidas com expansor em borregos

ScienciaScripts

Imprint

Cover image: www.ingimage.com

This book is a translation from the original published under ISBN 978-620-2-05915-2.

Publisher:
Sciencia Scripts
is a trademark of
Dodo Books Indian Ocean Ltd. and OmniScriptum S.R.L publishing group

120 High Road, East Finchley, London, N2 9ED, United Kingdom
Str. Armeneasca 28/1, office 1, Chisinau MD-2012, Republic of Moldova, Europe
Printed at: see last page
ISBN: 978-620-7-88962-4

ÍNDICE DE CONTEÚDOS

Lista de abreviaturas (acrónimos)

%	Percent
@	At the rate of
<	Lesser then
>	Greater than
±SE	Standard Error
A.P	Andhra Pradesh
ADF	Acid Detergent Fibre
ADG	Average Daily Gain
AOAC	Association of Official Analytical Chemists
B.wt	Body weight
C	Cellulose
Ca	Calcium
CF	Crude Fibre
CO2	Carbon dioxide
CP	Crude Protein
CRD	Completely Randomized Design
d	Day(s)
DCP	Digestible Crude Protein
DCPI	Digestible Crude Protein Intake
DE	Digestible Energy
DM	Dry Matter
DMB	Dry matter basis
DMI	Dry Matter Intake
EBW	Empty Body weight
EE	Ether Extract
FAO	Food and Agricultural Organization
FCR	Feed Conversion Ratio
g	gram(s)
g/d	Gram(s) per day
GIT	Gastro Intestinal Tract
GNC	Ground nut cake
h	Hour(s)
HC	Hemi cellulose
HCl	Hydrochloric acid
ICAR	Indian Council for Agricultural Research
ICRISAT	International Crop Research Institute for Semi Arid Tropics
INR	Indian National Rupees
JS	Jowar stover
K cal	Kilo calorie(s)
Kg	Kilogram(s)
Kg/m^3	Kilogram(s) per meter cube
$kgW^{0.75}$	Kilogram metabolic body weight
L	Liter
m	Meter
ME	Metabolizable energy
mg	Milligram(s)

min	Minute(s)
MJ	Mega Joules
mm	Millie meter
MS	Maize stover
MT	Metric tones
N	Nitrogen
NDF	Neutral Detergent Fiber
NFE	Nitrogen Free Extract
No.	number
NRC	National Research Council
°C	Degree centigrade
OM	Organic Matter
P	Phosphorous
PSW	Pre Slaughter Weight
Rs	Rupees
SSB	Sweet Sorghum Bagasse
TA	Total Ash
TDN	Total Digestible Nutrients
TDNI	Total Digestible Nutrient Intake
UV-VIS	Ultraviolet-visible
Wt	Weight

CAPÍTULO 1

INTRODUÇÃO

Os ovinos e caprinos são as espécies mais importantes de pequenos ruminantes com valor económico para os pequenos agricultores marginais e para os trabalhadores sem terra na Índia. As ovelhas são tradicionalmente criadas em terras de pastagem. O rácio entre ovinos e caprinos era de 0,6 em 1972, tendo diminuído para 0,5 em 2003, devido ao enfraquecimento da preferência pelos ovinos em relação aos caprinos. A razão é que, na Índia, as terras de pastagem têm vindo a deteriorar-se tanto quantitativa como qualitativamente (Jodha 1992).

Na Índia, a escassez de forragens secas é de 31%, a de forragens verdes de 23% e a de concentrados de 47%, para satisfazer as necessidades nutricionais dos efectivos pecuários existentes (Pradhan, 2003). A escassez de alimentos e de forragens é o fator limitante para melhorar a produção e a produtividade. A produção pecuária no valor de 162 mil milhões de INR (4,7 mil milhões de INR para os ovinos) por ano perde-se devido a uma alimentação e nutrição inadequadas (Birthal *et al.* 2005).

No contexto acima referido, é pouco provável que os sistemas de produção de pequenos ruminantes baseados no pastoreio se mantenham durante muito tempo, a menos que sejam complementados por uma alimentação em estábulo. Por conseguinte, é necessário explorar a possibilidade de utilizar novos alimentos não convencionais, resíduos de culturas agrícolas e subprodutos agro-industriais em rações completas em sistemas intensivos/alimentação em estábulo para ultrapassar o problema da escassez de alimentos e economizar a produção.

O sistema de dieta completa, que simplifica o sistema de alimentação, permite evitar as preferências individuais que prevalecem no sistema de alimentação convencional. Além disso, a alimentação com uma ração completa equilibrada minimiza a necessidade de mão de obra, reduz o desperdício, facilita a utilização de resíduos de culturas e subprodutos agro-industriais e mantém uma relação óptima entre concentrado e forragem.

Anteriormente, foram efectuadas várias tentativas para melhorar o valor nutritivo das forragens grosseiras de má qualidade, nomeadamente a demolha, a moagem, a trituração, a peletização, etc. A moagem melhora a área de superfície, enquanto a peletização gelatiniza o amido, tornando-o assim mais suscetível à digestão enzimática (Jensen e Becker, 1965). Além disso, a transformação da ração moída é essencial para uma utilização mais eficiente dos nutrientes. A peletização da ração em puré aumenta a densidade aparente e a digestibilidade dos nutrientes (Reddy e Reddy, 1992)

O principal revés na utilização dos subprodutos agro-industriais como alimento para o gado é a sua fraca palatabilidade e baixa digestibilidade, para além dos factores incriminatórios presentes nos mesmos. Por conseguinte, não podem ser utilizados como alimento único. No entanto, a inclusão de forragens grosseiras de baixa qualidade/subprodutos agro-industriais sob a forma de rações completas revelou-se bem sucedida, estimulando a ação bacteriana no rúmen, aumentando a eficiência na utilização dos alimentos (Stepankina e Kotlov, 1970) e reduzindo o custo dos alimentos por unidade produzida (Reddy *et al.* 1994b).

No presente estudo, foi feita uma tentativa de comparar a utilização dos resíduos de culturas convencionais, palha de milho e palha de jowar, com uma nova fonte de forragem disponível, ou seja, o bagaço de sorgo doce. O sorgo doce (*Sorghum bicolor* (L) Moench) está bem adaptado às regiões tropicais semi-áridas e é uma das culturas de sequeiro mais eficientes na conversão do CO_2 atmosférico em açúcar (Schaffert e Gourley, 1982). A cultura é mais eficiente em termos de utilização de água do que a cana-de-açúcar e está recentemente a ganhar importância como matéria-prima para a produção de etanol (Reddy *et al.* 2005). O sorgo sacarino fornece grão para consumo humano e forragem de palha para o gado (Shukla et al. 2006). A venda de palha de sorgo doce a destilarias após a colheita de cereais está a desviar biomassa do gado, agravando o problema da escassez de alimentos para animais. A reciclagem do resíduo de bagaço remanescente após a extração do sumo dos caules para a produção de etanol, que é mecanicamente retirado do caule na destilaria, poderia compensar parte da perda de forragem. Por sua vez, poderia constituir uma fonte económica de forragem disponível para alimentar os ruminantes, proporcionando uma fonte adicional de receitas numa cadeia de valor do sorgo sacarino (Blummel *et al.* (2009).

Tendo em conta o que precede, o estudo proposto teve por objetivo comparar o efeito da alimentação com as três fontes de forragem grosseira acima referidas incorporadas como única fonte de forragem grosseira (a 50%) numa dieta completa transformada em puré e submetida a um processamento em extrusora expansora para formar alimentos peletizados em ovinos machos em crescimento, com os seguintes objectivos

1. Determinar a composição química e os componentes da fibra forrageira das forragens grosseiras, ou seja, o feno de jowar, o feno de milho e o bagaço de sorgo doce, a utilizar em rações completas.
2. Determinar a taxa de crescimento, a utilização de nutrientes e as características da carcaça em ovinos machos alimentados com rações completas extrudidas e peletizadas com diferentes alimentos grosseiros.

CAPÍTULO 2

REVISÃO DE LITERATURA

Na Índia, o jowar ou sorgo é cultivado em 17 a 18 milhões de hectares e o caule compreende 40 a 60% da biomassa total produzida. O milho é cultivado em 6 milhões de hectares, produzindo 18 - 20 t/ha de palha. O sorgo doce (*Sorghum bicolor* (L.) Moench), que é semelhante ao sorgo granífero mas com talos ricos em açúcar, é utilizado principalmente para a produção de combustível e de álcool. O sumo também pode ser utilizado para a produção de açúcar de cana e xarope. O bagaço (os talos que sobram após a extração do sumo) e as folhas são utilizados para a produção de energia e também como alimento para animais ou mesmo como adubo orgânico.

As rações completas transformadas asseguram o fornecimento de nutrientes equilibrados, controlam a relação entre forragens grosseiras e concentrados, ajudam a melhorar a utilização de alimentos de baixa qualidade, reduzem o desperdício de alimentos e também reduzem os custos da alimentação. Existe uma grande margem para aumentar a produtividade dos ovinos através da alimentação com rações completas, utilizando os resíduos de culturas grosseiras, subprodutos agro-industriais e ingredientes concentrados acima referidos. Foi efectuado um extenso trabalho sobre rações completas e a sua transformação. O efeito da transformação na utilização de nutrientes, no desempenho animal e na economia de pequenos e grandes ruminantes é analisado neste capítulo.

2.1. COMPOSIÇÃO QUÍMICA E UTILIZAÇÃO DE VÁRIAS FORRAGENS GROSSEIRAS E RESÍDUOS DE CULTURAS COMO ALIMENTOS PARA ANIMAIS

O caule de jowar continha 2,40 por cento de PC, 35,12 por cento de CF, 1,05 por cento de EE, 6,45 por cento de cinzas totais e 54,96 por cento de NFE. O coeficiente de digestibilidade para DM, CP, CF e NFE foi de 66,9, 67,5, 72,2 e 72,2 por cento, respetivamente (Sharma *et al.*1972).

Chauhan e Randhawa (1983) referiram que os valores de DCP e TDN da variedade de sorgo SL-44 eram de 2,37 e 42,43 por cento. Os valores de DCP e TDN foram de 2,73 e 53,60 por cento para forragem melhorada de ramkel jowar (Gampawar e Bhaisawar, 1985). Joshi e Lalwani (1987) registaram um DCP de 5,58% e um TDN de 53,7% no sorgo doce.

Mosi e Butter worth (1985) relataram que a composição química do restolho de milho era DM 91,0, OM 88,2, CP 5,1, NDF 75,5, ADF 51,3, lignina 4,8, hemicelulose 24,2 e celulose 46,5 por cento.

O coeficiente de digestibilidade da MS, OM, CP, EE, CF e NFE da forragem melhorada de jowar (Ramkel) (Sorghum bicolor) na fase leitosa foi de 52,18, 56,50, 61,27, 66,36, 53,97 e 57,10 por cento, respetivamente (Gampawar e Bhaisawar, 1985).

Wanghmare *et al.* (1987) registaram a composição química da palha de sorgo híbrido (Sorghum vulgare) como 4,4, 32,1, 1,2, 53,4, 8,9 por cento de PC, CF, EE, NFE e cinzas totais, respetivamente. As fracções de fibra continham 67,9 por cento de FDN, 46,0 por cento de ADF e 6,7 por cento de lenhina.

Govindaiah *et al.* (1991) relataram que a composição química do resíduo de milho moído no que diz respeito a PC, CF, EE, NFE, cinzas totais, Ca, P, NDS, NDF, ADF, celulose e hemicelulose era de 6,89, 37.76, 1,32, 45,06, 8,97, 0,68, 0,15, 23,26, 76,74, 47,52, 38,32, e 29,22 por cento e o coeficiente de digestibilidade do PC, CF, EE e NFE foi de 34,2, 59,37, 87,10, 45,44 por cento, respetivamente, em cabras.

O valor nutritivo das variedades melhoradas de sorgo (SPU-351, SPU-475 e a variedade local (Punasa jonna) foi de 1,47, 3,30 e 2,37 por cento para DCP e 49,73, 46,81 e 46,61 por cento para TDN, respetivamente (Reddy *et al.* 1993).

Badwaik *et al.* (1998) referiram que a palha de jowar (Sorghum bicolor) continha 90,84% de MO, 4,84% de PC, 1,77% de EE, 84,24% de hidratos de carbono totais, 63,84% de NDF, 44,81% de ADF e 19,33% de hemicelulose.

A composição química da forragem de sorgo foi registada como 92,60 por cento de OM, 6,91 por cento de CP, 5,74 por cento de EE, 34,40 por cento de CF, 45,80 por cento de NFE e 7,43 por cento de cinzas totais. A fração de fibra continha 61,00 NDF, 33,70 ADF, 27,30 hemicelulose por cento, respetivamente (Kishore e Verma, 2000)

Reddy *et al.* (2002) referiram que a composição química (% de MS) do bagaço de cana-de-açúcar no que diz respeito a OM, CP, CF, EE, NFE, Cinzas, NDF, ADF, Ca e P era de 94,71, 3,20, 41,70, 1,35, 48,06, 5,29, 69,77, 43,13, 0,51 e 0,23, respetivamente.

Misra *et al.* (2009) relataram que a composição química (% base de MS) do rebento de sorgo no que diz respeito a OM, CP, CF, EE, NFE, Cinzas, NDF, ADF, Ca, P foi de 91,53, 4,15, 33,41, 1,07, 52,90, 8.47, 75.06, 46.54, 0.45, 0.15 e o milho em relação a OM, CP, CF, EE, NFE, Cinzas, NDF, ADF, Ca, P foram 91.10, 4.13, 34.59, 1.14, 51.24, 8.90, 71.04, 44.38, 0.35, 0.19 respetivamente.

Teka et al.(2008) relataram que a composição química (% base DM) da forragem de sorgo (planta inteira) no que diz respeito à CP, NDF, ADF, hemiceluloses, celulose e lignina foram 7,10, 72,57, 43,51, 29,06, 35,12 e 8,39, respetivamente.

Tesfaye Desalew (2008) referiu que a composição química da palha de sorgo era de 7,9, 3,1, 44,9 e 75,5 por cento, respetivamente, em termos de AT, PC, ADF e NDF.

2.2. EFEITO DAS RAÇÕES COMPLETAS NO DESEMPENHO DOS OVINOS E OUTROS RUMINANTES

2.2.1. Utilização de nutrientes

Naik e Sengar (2000) observaram que a ingestão de MS por 100 kg de peso corporal e g/kg de peso corporal$^{0.75}$ foram 2,35 ± 0,07; 2,27 ± 0,12 e 2,04 ± 0,09 kg e 96,20 ± 3,12, 93,10 ± 4,93 e 83,26 ± 3,67 g nos grupos I, II e III contendo torta de amendoim não decomposta, torta de caroço de algodão não decomposta e torta de mostarda não decomposta como fontes de proteína junto com rações completas à base de palha de trigo, respetivamente, e a variação entre os grupos não foi significativa. No entanto, os coeficientes de digestibilidade da PB, FDN ($P<0,05$) e EE, celulose e hemicelulose ($P<0,01$) diferiram significativamente nas novilhas búfalas Murrah. Os balanços de azoto e fósforo (P<0,05) e o balanço de cálcio (P<0,01) foram significativamente mais elevados no grupo I (bagaço de amendoim desnatado).

Rajmane e Deshmukh (2000) alimentaram cabras Osmanabadi com rações completas, que continham 60% de resíduos de culturas, nomeadamente palha de sorgo, palha de soja e espigas de milho. O teor de PC nas rações completas que continham 60% de palha de sorgo, palha de soja e espigas de milho era de 8,62, 10,28 e 8,40%, respetivamente, com base na MS. A DMI (g/d) variou de 615,00 a 924,00 e a DMI (kg/100 kg de peso corporal) variou de 2,19 a 3,33, com os valores mais altos nas rações completas à base de palha de soja. Concluíram que as rações completas à base de palha de sorgo, palha de soja e carolo de milho podiam manter eficazmente as cabras Osmanabadi adultas.

Reddy e Reddy (2001b) avaliaram o valor nutritivo de dietas completas à base de espigas de milho (40 por cento) em búfalos machos fistulados. A DMI e a ingestão de água/kg de DMI foram comparáveis para todas as dietas. As digestibilidades da MS, OM e CP foram mais elevadas (P<0,05) na dieta processada por expansor-extrusor em comparação com as dietas convencionais e de puré. O processamento por expansor-extrusor aumentou o conteúdo de DCP e TDN da dieta e os consumos em todas as dietas foram muito superiores ao nível recomendado para a manutenção de búfalos adultos.

Estes resultados indicaram que o processamento por expansor-extrusor melhorou a utilização de nutrientes da dieta completa.

Suresh Kumar *et al.* (2000) efectuaram um ensaio com nove novilhas búfalas Murrah, alimentando-as com dietas completas contendo palha de trigo amonizada a 50 (Grupo I), 60 (Grupo II) e 70 (Grupo III) por cento. A composição química de todas as dietas era quase semelhante e o PC variava entre 9,41 e 11,59 por cento. Observou-se um consumo menor (P < 0,05) de MS no grupo III em comparação com os grupos II e I. Os coeficientes de digestibilidade de EE, ADF e NDF foram menores (P < 0,01) no grupo III do que no grupo I.

Reddy *et al.* (2001b) observaram que a dieta completa peletizada apresentava uma digestibilidade dos nutrientes e um balanço de "N" mais elevados do que a dieta de puré, o que resultou num aumento dos teores de DCP e TDN da ração. A digestibilidade da MS, da MO e da PB e os balanços de N foram significativamente (P<0,05) mais elevados nas dietas completas do que na dieta convencional e o bagaço de cana-de-açúcar pode ser utilizado como única fonte de forragem na dieta dos búfalos e a peletização desta dieta completa melhorou a utilização dos nutrientes.

Raut *et al.* (2002) alimentaram cabras com pellets de ração completa à base de palha de gramínea vermelha (Cajanus cajan) e estudaram a utilização dos nutrientes. A palha de grama vermelha foi adicionada a um nível de 60% na ração completa e a porção de concentrado constituía 40%. O teor de PC na ração completa foi de 13,48% com base na MS. A DMI foi registada como 743,94 g/d e a DMI/100 kg B.wt/d foi de 4,20 kg. Os animais ganharam cerca de 75 g de peso corporal por dia. A digestibilidade da MS, PC, CF, EE e NFE foi de 56,42, 66,37, 67,56, 74,96 e 45,64 por cento, respetivamente. Os animais tinham um balanço positivo de azoto com uma retenção de 6,33 g de azoto por dia. Concluíram que os granulados de ração completa à base de palha de grama vermelha, com uma proporção de 60:40 de forragem grosseira para concentrado, apresentaram boa palatabilidade e digestibilidade em caprinos machos e satisfizeram as necessidades dos cabritos em crescimento.

Reddy *et al.* (2002) incorporaram bagaço de cana-de-açúcar a 40% no mosto completo e em pellets extrudidos por expansor para avaliação em vitelos Ongole e compararam com a dieta convencional. Os autores referiram que as digestibilidades da MS, MO, PC, NFE eram significativamente mais elevadas nas dietas completas em comparação com a dieta convencional. A digestibilidade dos nutrientes foi significativamente mais elevada na forma de granulado do que na forma de puré. O grupo alimentado com a dieta granulada registou um balanço de azoto mais elevado. Os teores de DCP e TDN da dieta peletizada foram significativamente mais elevados (P<0,05) devido à aplicação do processo de extrusão com expansor.

Samantha *et al.* (2003) formularam uma ração completa com feno de erva natural e concentrados na proporção de 60: 40 com bolo de mostarda como suplemento proteico (T1). Nas rações T2 e T3, 15 e 30 por cento da PB do bagaço de mostarda foi substituído por farinha de folhas de *Leucaena*. As três rações resultantes foram dadas a 15 cabras Barbari numa experiência de digestão. O consumo voluntário de ração foi semelhante em todos os grupos. Os coeficientes de digestibilidade da MS, OM, CF, CP e NFE não diferiram significativamente (P > 0,05) entre os grupos de tratamento.

Nagalakshmi *et al.* (2004) incorporaram palha de algodão como única forragem grosseira (30%) numa dieta completa e expandiram-na em pellets. Compararam esta dieta com uma ração convencional constituída por uma mistura de concentrados, uma quantidade limitada de forragem verde e palha de sorgo adlibitum em búfalos Murrah. O DMI foi maior (P<0,05) quando alimentados com dieta completa expandida em comparação com a dieta convencional. Registou-se uma digestibilidade mais elevada (P<0,01) da PB, EE, conteúdo celular e GE (P<0,05) em búfalos alimentados com dieta completa extrudida e expandida em comparação com a dieta convencional. O DCP, DE e ME da dieta completa extrudida com expansor foram mais elevados (P<0,01) mas o TDN foi semelhante ao da dieta convencional. A produção de leite foi semelhante em ambos os grupos.

Dhuria *et al.* (2007) avaliaram rações completas iso-nitrogénicas com uma proporção de concentrado de forragem grosseira de 40:60 (T1), 50:50 (T2) e 60:40 (T3) com palha de bajra como única forragem grosseira em carneiros Marwari. A ingestão de MS, a digestibilidade aparente da MS, outros nutrientes e frações de fibra entre as três dietas foram semelhantes entre as três dietas. No entanto, a digestibilidade do NFE foi maior (P<0,05) em T1 do que em T2 e T3. A ingestão de DCP e TDN por kg de peso corporal metabólico foi maior (P<0,05) em ovelhas alimentadas com ração completa com palha de bajra a 40% em comparação com 60%. O ganho médio diário nos grupos de tratamento T1, T2 e T3 foi de 72,9, 67,8 e 63,9 g/d, respetivamente, o que indicou que o nível de palha de bajra na ração completa não teve efeito adverso na utilização de nutrientes em ovelhas.

Afzal *et al.* (2008) efectuaram um ensaio com 15 cordeiros corriedale para avaliar o efeito da alimentação com diferentes blocos de alimentos completos à base de forragem no desempenho do crescimento e na utilização de nutrientes e concluíram que a palha de milho era uma fonte de forragem superior para os ovinos em comparação com a palha de aveia e de arroz.

Um ensaio de 120 dias foi conduzido por Zile Sihag *et al.* (2008) para verificar o efeito da substituição do método convencional de alimentação por dietas completas peletizadas à base de palhas não convencionais no desempenho dos cordeiros. Os autores referiram que as palhas como a grama, a soja e a grama preta podem ser incorporadas até 60% em dietas granuladas para obter uma taxa de crescimento de 80-100 g por dia.

Blummel *et al.* (2009) observaram uma ingestão de matéria seca e um ganho de peso vivo semelhantes em touros alimentados com blocos de bagaço e folhas descascadas, em comparação com os alimentados com blocos de ração comercial à base de palha de sorgo original.

A peletização do mosto com extrusão-expansão ou com vapor afectou positivamente o valor nutritivo da dieta, (Madhavi *et al.* 2009). Relataram ainda que o DMI foi significativamente ($P<0,01$) mais baixo em cordeiros alimentados com ração completa de mosto em comparação com os alimentados com ração de controlo, dietas extrudidas por expansor e peletizadas a vapor. A peletização aumentou significativamente a digestibilidade da MO, CF ($P<0,05$) e PC ($P<0,01$). Foram registados balanços positivos de N, Ca e P em todas as dietas, mas os balanços de N e Ca foram significativamente ($P<0,01$) mais elevados nas dietas peletizadas em comparação com as dietas de controlo e de puré completo. Observou-se uma tendência de aumento no consumo de MS, DCP e TDN nas rações peletizadas em comparação com as rações de puré e convencionais.

Pandya *et al.* (2009) concluíram que o bagaço de cana-de-açúcar pode ser melhor utilizado através de uma alimentação completa e que os vitelos cruzados em crescimento podem ser criados de forma económica com uma alimentação completa com 30% de bagaço de cana-de-açúcar e alimentos não convencionais (vagens de Prosopis juliflora, caroço de semente de manga, licor de milho, chuni de semente de babul) sem qualquer efeito adverso.

2.2.2. Produção de leite

Reddy *et al.* (2001b) estudaram o efeito da alimentação de búfalos com uma dieta completa processada por extrusora expansora, contendo espigas de milho, no seu desempenho produtivo, em comparação com o sistema de alimentação convencional durante 180 dias. O consumo diário de matéria seca e de água foi de 2,96 e 2,86 kg/100 kg de PV e de 3,87 e 4,05 kg/kg de matéria seca com a dieta convencional e com a dieta completa, respetivamente. A produção de leite, a produção de 4% FCM e a percentagem de gordura foram comparáveis em ambos os grupos. O DMI/kg, a produção de 4% FCM ($P < 0,05$) e o custo da alimentação/kg de produção de 4% FCM ($P < 0,01$) foram menores na dieta completa em comparação com a ração convencional.

Reddy *et al.* (2003) compararam os teores de DCP e TDN em dietas com puré e granulado em búfalos Murrah. Os teores de DCP e TDN foram significativamente ($P<0,05$) mais elevados nas dietas granuladas. A dieta convencional foi comparável ao grupo do puré. Os coeficientes de digestibilidade de todos os nutrientes (exceto o EE) foram mais elevados ($P<0,05$) nas dietas granuladas quando comparadas com as dietas convencional e em puré. As produções totais de leite e de MFC foram mais elevadas ($P<0,05$) com as dietas peletizadas do que com as dietas convencionais e os resultados indicaram que a mistura de forragens e concentrados numa dieta completa forneceu todos os nutrientes na proporção necessária e ajudou a melhorar o desempenho dos animais leiteiros. A peletização do mosto com extrusora expansora ou peletização a vapor melhorou ainda mais o valor nutritivo da dieta.

Dwivedi *et al.* (2003) referiram que a DMI diária era de 2,86 e 2,74 kg/100 kg de peso corporal com dietas completas de blocos e puré, respetivamente, indicando uma elevada palatabilidade de ambas as rações em búfalos em crescimento.

Nagalakshmi *et al.* (2004) observaram que a PB e a EM digestíveis da dieta completa extrusada com expansor eram mais elevadas ($P<0,01$), mas os nutrientes digestíveis totais eram semelhantes aos da ração convencional em búfalas Murrah. A produção de leite foi semelhante em ambos os grupos. A FCM a 4% e a % de gordura no leite foram mais elevadas ($P<0,05$) quando alimentadas com dieta granulada extrudida com expansor. A ingestão de MS/kg de produção de MFC foi de 1,88 kg na dieta completa e de 2,41 kg na dieta convencional.

A incorporação de palha de milho a 50% em dietas completas processadas por extrusão com expansor aumentou ($P<0,01$) a produção de leite e a percentagem de gordura em búfalas em lactação (Srinivasa Rao *et al.* 2009).

2.2.3. Desempenho do crescimento

Bush *et al.* (1978) concluíram que as rações completas peletizadas eram vantajosas no programa de engorda de borregos, tanto em termos de desempenho como em termos económicos, e não encontraram qualquer vantagem ao aumentar o teor de PC das rações completas peletizadas de 13 para 15%.

Verificou-se um aumento de 38,3 e 64,2 por cento na taxa de crescimento de vitelos de raça cruzada alimentados com ração completa e pellets contendo 68 por cento de erva florestal, em comparação com o grupo de controlo (Reddy e Reddy 1983[a]).

Krishna Mohan e Charyulu (1983) estudaram as características da carcaça de cordeiros mestiços alimentados com duas rações completas, com rácios de concentrado e forragem grosseira de 60:40 e 50:50. Não houve diferença significativa na percentagem de toucinho e na proporção de osso, carne e gordura nas carcaças dos dois grupos.

Joji Reddy e Reddy (1985) observaram um aumento da percentagem de preparação e do peso dos órgãos comestíveis em ovinos alimentados com rações peletizadas contendo uma mistura de feno de gramíneas e palha de sorgo (46%) como fonte de forragem, em comparação com os grupos correspondentes alimentados com rações de puré e pastagem.

Reddy e Reddy (1988) alimentaram vitelos machos cruzados (Ongole e Holstein Friesian) com uma dieta convencional contendo mistura de concentrados e palha de trigo enriquecida com ureia e melaço, ração completa com 50% de palha de trigo ou ração completa com 35% de palha de trigo e 15% de feno de berseem. Registaram significativamente ($P<0,05$) uma taxa de crescimento mais elevada e um rácio de ganho de alimento, um menor custo de alimentação por kg de ganho de peso vivo, digestibilidades significativamente mais elevadas ($P<0,01$) de MS, OM, CP, EE NFE e balanços de azoto, cálcio e fósforo em vitelos alimentados com dietas completas.

Sehgal *et al.* (1989) não registaram diferenças significativas na biometria dos borregos alimentados com lotes de ração e nas suas características de carcaça quando alimentados com rações que continham rácios de 50:50 ou 30:70 de forragem grosseira para concentrado com feno de feijão-frade alimentado com chuva como fonte de forragem grosseira e concluíram que uma mistura de 50 por cento de concentrado pode ser utilizada com vantagem para uma produção de carne de carneiro mais barata sem afetar a qualidade da carne.

Os cordeiros alimentados com dietas peletizadas à base de farinha de medula de sagu resultaram num maior ganho de peso médio diário do que os alimentados com dietas não peletizadas (Mahuyuddin *et al.* 1994). Estes efeitos corresponderam a um peso de abate mais elevado, mas a percentagens de preparação mais baixas.

O ADG foi significativamente ($P<0,05$) mais elevado com uma dieta completa à base de forragens do que com uma dieta convencional em novilhas cruzadas (Reddy *et al.* 1994[b]). O custo da alimentação por kg de peso vivo ganho foi 15% mais baixo nas novilhas alimentadas com dieta completa do que nas alimentadas com dieta convencional.

Não foram encontradas diferenças significativas no ganho médio diário, na eficiência da conversão alimentar e no rendimento da carcaça das novilhas alimentadas com dietas à base de farinha de colza peletizada e não peletizada (Pinto *et al.* 1996).

Nicholson *et al.* (1996) estudaram o efeito de suplementos de puré ou peletizados contendo farinha de caranguejo na ingestão e ganhos de peso de bovinos de carne. A peletização de um suplemento de farinha de caranguejo-alfafa aumentou significativamente a ingestão de 1,22 kg/d para 1,64 kg/d ($P<0,01$) e a peletização de um suplemento de farinha de caranguejo-cevada aumentou a ingestão de 1,55 kg/d para 1,8 kg/d ($P<0,05$). O ADG aumentou de 0,81 para 0,89 kg com o suplemento de alfafa de caranguejo e de 0,88 para 0,97 kg com o suplemento de alfafa e cevada, o ganho de peso por quilograma de ração diminuiu significativamente ($P<0,05$) de 9,3 para 8,6 kg com o feno de alfafa de caranguejo e de 8,45 para 8,02 kg com o puré de cevada de caranguejo e com as dietas peletizadas, respetivamente.

A comparação da dieta totalmente extrusada (118^0 C , 20% de humidade, 30 at.) com a dieta peletizada (70^0 C, 8 at.) em bezerros desmamados e pós-desmamados revelou que os bezerros alimentados com dieta totalmente extrusada tiveram significativamente ($P<0.01$) maior ganho de peso (978g/d vs. 838g/d) do que a dieta peletizada (Serrano *et al.* 1998). Também foi relatado que a tecnologia de extrusão poderia ser aplicada com sucesso em dietas para bezerros pós-desmamados.

Reddy e Reddy (1998) estudaram o desempenho agrícola de ovinos e caprinos alimentados com dietas completas à base de cabeças de girassol em regime de criação intensiva. Nas suas experiências com cabritos machos nativos da região de Telangana de Andhra Pradesh, observaram um ADG de 37,1 g e uma FCR (alimentação/ganho) de 14,7. A percentagem de cobertura com base no peso vivo e no peso do corpo vazio foi de 41,9 e 52,5 por cento, respetivamente.

Reddy e Reddy (1999[a]) alimentaram novilhos Ongole com dietas completas à base de espigas de milho para estudar o efeito do processamento e verificaram que as digestibilidades da MS, OM (P<0,05) e CP (P<0,01), DCP e TDN eram mais elevadas na dieta extrudida por expansor, seguidas das dietas de puré e de controlo. A digestibilidade do NFE foi significativamente mais elevada na dieta extrudida com expansor em comparação com a dieta de controlo. Todos os animais tinham um balanço positivo de azoto. O ADG aumentou significativamente (P<0,05) do controlo para o puré e para as dietas extrudidas com expansor. O custo da ração por kg de ganho foi significativamente (P<0,05) reduzido com as dietas à base de puré e extrudido expansivo em comparação com a dieta de controlo convencional.

Reddy *et al.* (2002) incorporaram bagaço de cana de açúcar a um nível de 40 por cento em puré completo e pellets extrudidos por expansor para avaliação em novilhos Ongole e compararam com a dieta convencional. O ADG (P<0,01) e a eficiência alimentar (P<0,05) foram significativamente maiores em bezerros alimentados com dietas peletizadas.

Suresha *et al.* (2009) avaliaram rações completas peletizadas à base de palha de grama vermelha e de grama de Bengala em vinte e quatro cabras Bidri (3-4 meses de idade), distribuídas em quatro grupos compostos por três machos e três fêmeas cada, e foram alimentadas com dietas completas contendo proteína bruta e nutrientes digestíveis totais de 15,46 e 60,57 (A); 15,8 e 60,37 (B); 17,75 e 65,43 (C) e 17,76 e 65,78 (D) por cento, respetivamente. Vinte e quatro semanas de alimentação revelaram uma diferença não significativa no ganho de peso corporal entre os diferentes grupos, no entanto com uma ingestão significativamente (P<0,01) mais elevada de matéria seca/100 kg de peso corporal nos grupos C e D. As fracções de fibra forrageira foram bem utilizadas nos grupos C e D e também foram consideradas económicas devido a uma relação custo-benefício mais elevada. Concluiu-se que a dieta completa C e D com uma relação 50:50 entre concentrado e forragem pode ser utilizada para a produção económica e de melhor qualidade de chevon.

2.3. EFEITO DA TRANSFORMAÇÃO NAS CARACTERÍSTICAS DA CARCAÇA

Não foram encontradas diferenças significativas no ganho médio diário, na eficiência da conversão alimentar e no rendimento da carcaça das novilhas alimentadas com dietas à base de farinha de colza peletizada e não peletizada (Pinto *et al.* 1996).

Reddy e Reddy (1998[b]) estudaram o desempenho na exploração de ovinos e caprinos em regime de criação intensiva. Nas suas experiências com cabritos machos nativos da região de Telangana, em Andhra Pradesh, observaram um ADG de 37,1 g e uma FCR (ração/grão) de 14,7. A percentagem de peso vivo e de peso corporal vazio foi de 41,9 e 52,5 por cento, respetivamente.

Doze cordeiros castanhos de Nellore e cabritos machos não descritos (12-14 kg) foram alimentados com dietas que continham palha de sorgo tratada com ureia ou forragem de feijão-frade na proporção de 70:30 (no DMB) num ensaio de crescimento de 150 dias sob sistema intensivo de alimentação (Reddy e Reddy 2001). O ADG (g), a MS necessária por kg de ganho (kg) e o custo da alimentação por kg de ganho (Rs.) foram

62, 9,0 e 16,2 em ovelhas e 57, 9,8 e 17,6 em cabras, respetivamente. Também referiram que a percentagem de penso em sistemas intensivos e extensivos era de 42,1 (peso vivo), 54,2 (peso do corpo vazio) e 43,0 (peso vivo) 57,5% (peso do corpo vazio) para os ovinos e 46,2 (peso vivo), 60,0 (peso do corpo vazio) 42,4 (peso vivo) 54,3 (peso do corpo vazio) para os caprinos, respetivamente.

Jatinder Singh *et al.* (2009) referiram que os cabritos Beetal alimentados com uma ração que continha alimentos grosseiros e concentrados numa proporção de 50:50 apresentavam um desempenho de crescimento ótimo e económico para a produção de carne magra do que os alimentados com rações com uma proporção de 60:40 ou 40:60 de alimentos grosseiros e concentrados. O aumento da proporção de concentrado acima do nível de 50% resultou na deposição de gordura abdominal, reduzindo assim a qualidade da carne e aumentando o desperdício de recursos.

CAPÍTULO 3

MATERIAIS E MÉTODOS

Foi efectuada uma experiência para avaliar rações completas transformadas contendo vários alimentos grosseiros sobre a utilização de nutrientes e o desempenho de ovinos machos em crescimento no Department of Animal Nutrition, College of Veterinary Science, Rajendranagar, Hyderabad, A.P.

Os pormenores dos procedimentos e técnicas experimentais adoptados no decurso do presente inquérito são apresentados a seguir.

3.1. AQUISIÇÃO DE INGREDIENTES

O caule de jowar (JS), o caule de milho (MS) e outros ingredientes concentrados necessários foram adquiridos a comerciantes locais dos distritos de Medak e Rangareddy. O bagaço de sorgo doce (SSB) foi adquirido na unidade de trituração descentralizada do ICRISAT, Patancheru, Andhra Pradesh.

3.2. PREPARAÇÃO DAS RAÇÕES EXPERIMENTAIS

As três rações experimentais foram preparadas utilizando diferentes forragens grosseiras, ou seja, palha de jowar (T1), palha de milho (T2) e bagaço de sorgo doce (T3) a 50%, juntamente com outros ingredientes concentrados, e transformadas em pellets extrudidos por expansor. As composições dos ingredientes das rações experimentais são apresentadas na Tabela. 1.

3.3. DENSIDADE APARENTE DOS ALIMENTOS EXPERIMENTAIS

A densidade da dieta completa peletizada por extrusora expansora contendo 50% de palha de jowar (T1), palha de milho (T2) e bagaço de sorgo doce (T3) foi estimada utilizando uma caixa de madeira de um pé cúbico concebida para o efeito.

3.4. ANIMAIS DE LABORATÓRIO E PROJECTO EXPERIMENTAL

Dezoito borregos com idades compreendidas entre os 3 e os 4 meses, com um peso corporal médio de 11,89 ± 0,09 kg, foram divididos aleatoriamente em três grupos de seis animais cada, num delineamento completamente aleatório.

3.5. ALOJAMENTO E GESTÃO

Todos os animais foram alojados em compartimentos bem ventilados (4m x 3m). Foram desparasitados no início da experiência e, mais uma vez, a meio da experiência, ou seja, após 2 meses. Durante o período experimental, foi mantido um ambiente saudável e uma limpeza adequada no pavilhão experimental.

3.6. ALIMENTAÇÃO E REGA

As três rações experimentais (T1, T2 e T3) foram distribuídas aleatoriamente por três grupos de borregos. As respectivas rações foram oferecidas diariamente às 9.00h e às 15.00h. Foram oferecidas aos animais quantidades pesadas das respectivas rações completas adlibitum. Os eventuais resíduos foram pesados na manhã do dia seguinte, antes da oferta da ração. Cada animal teve sempre à sua disposição água limpa, fresca e saudável.

3.7. REGISTOS DE PESO VIVO

Os animais foram pesados a intervalos quinzenais durante dois dias consecutivos, de manhã, antes de lhes ser oferecida comida ou água.

3.8. ESTUDOS DE UTILIZAÇÃO E EQUILÍBRIO DE NUTRIENTES

A meio do período de crescimento, foi efectuado um rastreio metabólico da digestão para avaliar a utilização de nutrientes e o equilíbrio de azoto de três rações experimentais em quatro borregos de cada grupo. Os animais foram mantidos em gaiolas metabólicas individuais, bem ventiladas e higiénicas, sete dias antes do período de recolha e durante o período de recolha de 7 dias para os aclimatar ao ambiente da gaiola.

Durante o período de recolha, foram registados diariamente o consumo de ração, as sobras, bem como as fezes e a urina evacuadas. Durante o período do ensaio de metabolismo, foram recolhidas fezes durante 24 horas, utilizando sacos fecais presos aos borregos. A produção diária de urina de cada cordeiro foi medida através da recolha em garrafas de vidro mantidas no fundo das gaiolas metabólicas. Foram adicionadas diariamente algumas gotas de HCl concentrado aos frascos de recolha de urina como conservante.

3.9. RECOLHA DE AMOSTRAS

3.9.1. Alimentação

Foram colhidas diariamente amostras representativas de cada uma das três rações oferecidas e dos resíduos para estimar a matéria seca, que foram agrupadas durante sete dias num saco de polietileno e conservadas. O teor de MS das amostras foi determinado diariamente. No final do período de recolha, as amostras representativas foram secas e moídas num moinho Wiley de laboratório através de uma peneira de 1 mm e conservadas em frascos herméticos para análise posterior.

3.9.2. Fezes

As fezes recolhidas através de sacos fecais foram esvaziadas de três em três horas durante o período de recolha. As fezes esvaziadas foram recolhidas num recipiente separado e conservadas em sacos de polietileno para evitar a perda de humidade. O total de fezes evacuadas por cada animal durante 24 horas foi pesado às 8.30h, depois misturado e as amostras representativas foram recolhidas para estimativa da MS e do azoto (N).

Para a matéria seca, foram recolhidas alíquotas de $1/10^{th}$ das fezes diárias de cada animal e secas durante a noite numa estufa de ar quente a $100 \pm 5°$ C. As amostras diárias de cada animal durante o período de recolha de 7 dias foram agrupadas, moídas num moinho Wiley através de uma peneira de 1 mm e armazenadas em sacos de polietileno para análise posterior.

Para a estimativa do azoto fecal, 1/100th parte do total de fezes evacuadas por dia por cada animal foi conservada num frasco previamente pesado num congelador profundo. Após um período de recolha de 7 dias, os frascos com as amostras foram descongelados e utilizados para a estimativa do azoto.

3.9.3. Urina

Para a estimativa do azoto na urina, 1/100th parte da urina total evacuada por cada animal após mistura completa foi pipetada em duplicado para frascos kjeldhal contendo 30 ml de ácido sulfúrico concentrado. As alíquotas assim reunidas nos frascos foram mantidas separadamente para cada animal.

Da mesma forma, 1/100th parte da urina total evacuada foi recolhida em duplicado para a estimativa de minerais em cadinhos de sílica e seca a 100 ± 5°C diariamente e a recolha de cinco dias foi adicionada aos mesmos cadinhos. As amostras foram incineradas numa mufla, extraídas com ácido clorídrico e conservadas para a estimativa do cálcio e do fósforo.

3.10. ANÁLISE QUÍMICA

Os ingredientes da ração, as amostras fecais e as amostras de urina foram analisadas para N usando o analisador 'Turbotherm' e 'Vapodest' (Gerhardt, Alemanha) com base no princípio do método Micro Kjeldahl (AOAC, 1997; procedimento no. 4.2.0.2.). A matéria seca, as cinzas totais, o extrato etéreo e a fibra bruta foram determinados de acordo com os procedimentos n.ºs 4.1.03, 4.1.02, 4.5.01 e 4.6.01, respetivamente, tal como descrito pela AOAC (1997). O cálcio foi estimado de acordo com o método descrito por Talapatra et al. (1940). O fósforo foi calculado por espetrofotometria UV-Vis. As fracções de fibra foram analisadas de acordo com o método descrito por Van Soest *et al.* (1991).

3.11. ESTUDOS DE CARCAÇAS

No final do ensaio de crescimento, foram abatidos três animais representativos de cada grupo para estudar as características da carcaça.

3.11.1.1 Método de abate

Os animais foram abatidos segundo o "método Halal", após terem passado fome durante a noite. Foram registados os pesos vivos antes do abate. A degola, a esfola, a preparação e a evisceração foram efectuadas de acordo com os procedimentos descritos por Gerrard (1964).

Foi registado o peso da carcaça quente, das miudezas comestíveis (fígado, coração, testículos, diafragma, rins e baço) e não comestíveis (sangue, pulmões, traqueia, estômago e intestinos). A carcaça foi então dividida em cinco cortes, ou seja, perna, lombo, cachaço, espádua e pescoço, e pernil e peito, como sugerido pelo National Livestock and Meat Board dos Estados Unidos da América. **3.11.2 Padrões de corte de vários cortes no comércio grossista 3.11.2.1 Perna**

A perna foi retirada da carcaça através de um corte com uma serra em ângulo reto em relação ao dorso, junto ao osso da anca.

3.11.1.2 Lombo

O lombo foi retirado da carcaça desde o osso da anca até à parte anterior da última costela.

3.11.1.3 Bastidor

A cremalheira foi obtida cortando a partir da parte posterior da costela 12th até à parte anterior da costela 5th.

3.11.1.4 Ombro e pescoço

Esta foi esculpida cortando desde a parte posterior da 4th costela até ao pescoço (incluindo o pescoço)

3.11.1.5 Pernil dianteiro e peito

Antes de cortar o ombro e a cremalheira, foi efectuada uma incisão com uma faca 4" acima da articulação costa-esternal e a peça foi removida com uma serra.

Os pesos dos diferentes cortes inteiros da venda foram registados separadamente e expressos em % do peso da carcaça.

3.11.1.6 Ossos, gorduras e músculos separáveis

O peso da gordura, do músculo e dos ossos foi registado separadamente da carcaça.

3.12. ECONOMIA DOS CUSTOS

O custo das rações experimentais foi calculado com base nos preços de mercado prevalecentes dos ingredientes e nos custos de transformação. O custo médio de transformação (encargos fixos) de várias rações foi calculado com base em dois turnos de oito horas cada, durante 300 dias úteis por ano. Os encargos directos incluíam o consumo de energia, as operações e os salários dos trabalhadores, etc. O custo total de transformação foi calculado adicionando os encargos fixos e os encargos directos.

3.13. ANÁLISE ESTATÍSTICA

Os dados recolhidos durante a experiência foram submetidos a uma análise de variância pelo método dos mínimos quadrados (Snedecor e Cochran, 1968) e as médias dos tratamentos foram testadas quanto à sua significância pelo novo teste de intervalo múltiplo de Duncan (1955).

CAPÍTULO 4

RESULTADOS

Foram formuladas três dietas completas à base de forragem grosseira com um rácio de forragem grosseira para concentrado de 50:50, utilizando palha de jowar (T1), palha de milho (T2) e bagaço de sorgo doce (T3) e transformadas em pellets extrudidos por expansor. Estas três dietas completas (T1, T2 e T3) foram avaliadas num ensaio de crescimento e metabolismo, alimentando ovinos machos em crescimento.

4.1. COMPOSIÇÃO QUÍMICA

4.1.1. Ingredientes

Os alimentos grosseiros utilizados no presente estudo foram analisados quanto à composição proximal e aos teores de cálcio, fósforo e fibra. A proteína bruta (PC), a fibra bruta (CF), o extrato etéreo (EE), o extrato isento de azoto (NFE), as cinzas totais (TA), o cálcio (Ca), o fósforo (P), a fibra detergente neutra (NDF), a fibra detergente ácida (ADF), a hemicelulose (HC), a celulose e a lenhina do feno de jowar, do feno de milho e do bagaço de sorgo doce, com base na matéria seca (DMB), são apresentados no Quadro 2.

4.1.2. Rações experimentais.

A composição química das três rações experimentais é apresentada no Quadro 3. Os teores de MS, MO, PC, CF, EE, NFE e TA da T1 foram de 92,54, 87,84, 10,91, 20,78, 1,51, 54,64 e 12,16 por cento com base na matéria seca, respetivamente. Os teores de cálcio (Ca) e fósforo (P) foram de 1,60 e 0,44 por cento, respetivamente. Fibra em detergente neutro (FDN), fibra em detergente ácido

Quadro 1: Composição dos ingredientes das rações experimentais (kg/100 kg)

Ingredient	T1	T2	T3
Jowar stover	50	-	-
Maize stover	-	50	-
Sweet sorghum bagasse	-	-	50
Maize	15.5	15.5	15.5
GNC	8.25	8.25	8.25
SFC	10.0	10.0	10.0
DORB	11.5	11.5	11.5
Molasses	2.5	2.5	2.5
Urea	0.75	0.75	0.75
Mineral mixture (Calphamin)	1.0	1.0	1.0
Salt	0.5	0.5	0.5

Calphamin 1kg contém Cu-312mg, Co-45mg, Magnésio-2.114mg, Fe-1.00gm, Zn-2.13 gm, I-156mg, D.Methionine-1.92gm, L-Lysine mono Hcl-4.4gm, Ca-30%, P-9%.Vitamina AD3 foi adicionada a 10g/100kg.

Quadro 2: Composição aproximada dos ingredientes (%DM) utilizados nas rações completas

	Jowar stover	Maize stover	Sweet sorghum bagasse
CP	4.15	5.20	4.02
CF	43.21	30.99	38.76
EE	1.11	1.89	1.27
NFE	41.04	50.51	46.03
TA	10.49	11.41	9.92
Ca	0.45	0.35	0.32
P	0.15	0.19	0.22
NDF	75.08	77.93	75.01
ADF	46.19	43.23	42.44
Hemi cellulose	28.89	34.70	32.57
Cellulose	35.64	37.12	36.95
Lignin	10.72	6.51	6.89

(ADF), hemicelulose (HC) e celulose (C) foram de 53,70, 31,99, 21,71 e 22,67 por cento, respetivamente.

Os teores de MS, OM, CP, CF, EE, NFE e TA do T2 foram de 91,03, 91,38, 11,77, 19,59, 1,68, 58,34 e 8,62 por cento com base na matéria seca, respetivamente. Os teores de Ca e P foram de 1,05 e 0,40 por cento, respetivamente. Os teores de NDF, ADF, hemicelulose e celulose foram de 51,73, 32,65, 19,08 e 22,30 por cento, respetivamente.

O teor de MS, OM, CP, CF, EE, NFE e TA do T3 foi de 92,60, 92,13, 10,11, 22,17, 1,90, 57,95 e 7,87 por cento, respetivamente. Os teores de Ca e P foram de 1,28 e 0,54 por cento, respetivamente. O NDF, ADF, hemicelulose e celulose foram 51,13, 31,56, 19,57 e 24,43 por cento, respetivamente.

4.2. ESTUDOS DE CRESCIMENTO

4.2.1. Ganhos de peso durante o estudo de crescimento

O ganho de peso médio dos animais no final do estudo de crescimento de 120 dias em T1, T2 e T3 foi de 8,42±1,18, 9,28±0,50 e 9,75±0,60 kg, respetivamente (Tabela 4). Os respectivos ganhos médios diários de peso foram de 70,16±9,83, 77,33±4,16 e 81,25±4,98 gramas. O ganho médio diário e o ganho de peso quinzenal (Tabela 5) entre os diferentes grupos de tratamento não diferiram significativamente (P>0,05).

4.2.2. Rácio de conversão alimentar.

A taxa de conversão alimentar (FCR) para T1, T2 e T3 foi de 10,15±1,26, 9,63± 0,85 e 9,51± 0,69, respetivamente (Tabela 7). O FCR entre os diferentes grupos de tratamento não diferiu significativamente (P>0,05).

Quadro 3: Composição aproximada (% de MS) das rações experimentais

Constituents	T1	T2	T3
DM	92.54	91.03	92.60
OM	87.84	91.38	92.13
CP	10.91	11.77	10.11
CF	20.78	19.59	22.17
EE	1.51	1.68	1.90
NFE	54.64	58.34	57.95
TA	12.16	8.62	7.87
Ca	1.60	1.05	1.28
P	0.44	0.40	0.54
NDF	53.70	51.73	51.13
ADF	31.99	32.65	31.56
Hemi cellulose	21.71	19.08	19.57
Cellulose	22.67	22.30	24.43

Quadro 4: Ganho de peso e ADG em borregos em crescimento alimentados com rações experimentais durante o estudo de crescimento

Parameter	T1	T2	T3
No. of animals	6	6	6
No of days	120	120	120
Initial body weight (kg)	11.83 ±0.70	11.92 ±0.82	11.92 ±0.89
Final body weight (kg)	20.25 ±1.24	21.20 ±0.60	21.67 ±0.83
Total weight gain (Kg)	8.42 ±1.18	9.28 ±0.50	9.75 ±0.60
Average daily gain (g)	70.16 ±9.83	77.33 ±4.16	81.25 ±4.98

Means do not differ significantly (P>0.05)

FIGURA 1

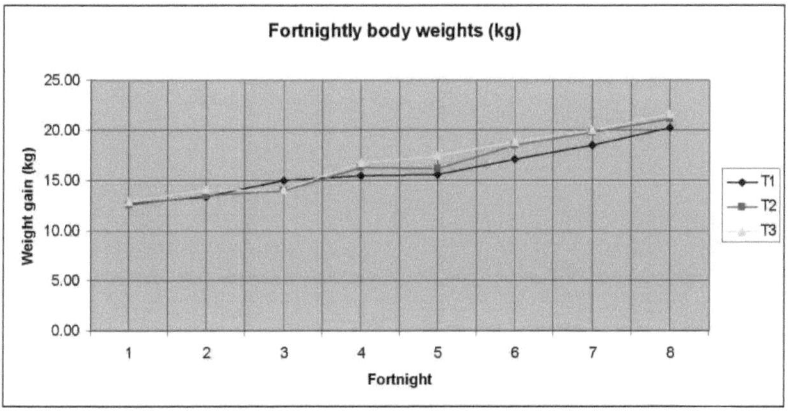

Tabela.5 Pesos corporais quinzenais (kg) em borregos em crescimento alimentados com rações experimentais durante o estudo de crescimento

	Initial weight (kg)	1	2	3	4	5	6	7	8
T1	11.8 ±0.70	12.7 ±0.63	13.3 ±0.69	15.0 ±0.98	15.5 ±1.00	15.6 ±1.06	17.0 ±1.37	18.3 ±1.28	20.2 ±1.24
T2	11.9 ±0.82	12.5 ±0.82	13.5 ±0.84	14.0 ±0.81	16.3 ±1.05	16.2 ±0.96	18.4 ±0.88	19.5 ±0.59	21.2 ±0.60
T3	11.9 ±0.89	12.9 ±0.79	14.1 ±0.86	14.1 ±0.93	16.7 ±1.17	17.4 ±0.96	18.7 ±1.03	19.8 ±0.81	21.7 ±0.83

Means do not differ significantly (P>0.05)

Quadro 6: Custo dos ingredientes dos alimentos para animais e das rações experimentais (rs/quintal)

Ingredient	Cost(Rs.) / Kg	T1		T2		T3	
		Ingredient Quantity/ Quintal	Cost(Rs.)	Ingredient Quantity/ Quintal	Cost(Rs.)	Ingredient Quantity/ quintal	Cost(Rs.)
Jowar stover	2.0	50	100	--	---	---	---
Maize stover	2.0	---	---	50	100	---	---
Sweet sorghum bagasse	1.0	---	---	---	---	50	100
Maize	11.50	15.50	178.25	15.50	178.25	15.50	178.25
GNC	17.0	8.25	140.25	8.25	140.25	8.25	140.25
SFC	12.0	10.00	120.00	10.00	120.00	10.00	120
DORB	7.50	11.50	86.25	11.50	86.25	11.50	86.25
Molasses	5.0	2.50	12.50	2.50	12.50	2.50	12.50
Urea	5.0	0.75	3.75	0.75	3.75	0.75	3.75
MM	18.0	1.00	18.00	1.00	18.00	1.00	18.00
Salt	7.0	0.50	3.50	0.50	3.50	0.50	3.50
Processing cost/quintal	40		40		40		40
Cost/quintal (Rs.)			702.50		702.50		652.50

Quadro 7: Consumo de ração, eficiência de conversão alimentar durante o ensaio de crescimento em borregos alimentados com rações experimentais.

	T1	T2	T3
Feed intake (kg/d)	0.71 ±0.04	0.74 ±0.03	0.77 ±0.04
Total feed intake (kg)	85.46 ±5.17	89.35 ±3.74	92.75 ±0.60
Total dry matter intake (kg)	78.63 ±4.74	81.80 ±3.69	83.97 ±4.27
Dry matter intake (kg/d)	0.66 ±0.04	0.68 ±0.03	0.70 ±0.04
Weight gain (kg)	8.41 ±1.18	9.28 ±0.50	9.75 ±0.60
Feed conversion ratio (kg/kg gain)	10.15 ±1.26	9.63 ±0.85	9.51 ±0.69
Cost of feed/100 kg (Rs.)	702.50	702.50	652.50
Cost of feed / kg gain (Rs.)	77.33	68.89	63.34

Means do not differ significantly (P>0.05)

4.2.3. Custo da alimentação

Os dados relativos ao custo dos ingredientes da alimentação e das rações experimentais são apresentados no quadro 6. O custo das rações experimentais foi calculado com base nos preços de mercado existentes na altura da experiência. Os custos médios de transformação dos vários alimentos foram calculados com base em dois turnos de 8 horas cada, durante 300 dias úteis por ano. O custo total da ração por quintal foi de Rs.702,50, 702,50 e 652,50 para T1, T2 e T3, respetivamente. O custo da ração por kg de ganho foi de Rs.77.12, 69.18 e 63.15 respetivamente para T1, T2 e T3.

4.3. DENSIDADE DE MASSA

As densidades aparentes das rações experimentais são apresentadas na Tabela 8. A densidade aparente média das rações experimentais foi de 326,07±5,13, 211,89±4,08 e 300,17±6,12, respetivamente. Houve uma diferença significativa (P<0,05) entre as várias rações experimentais. A densidade aparente de T1 e T3 foi significativamente maior (P<0,05) do que a de T2.

4.4. ESTUDOS DE DIGESTIBILIDADE E METABÓLICOS

4.4.1. Consumo voluntário de alimentos

A ingestão média diária de matéria seca de 1122,25±3,76, 1135,84±1,68 e 1140,25±1,21 g/dia foi registada para T1, T2 e T3 (Tabela 9). Houve uma diferença significativa (P<0,05) na ingestão de matéria seca entre as rações experimentais e a DMI foi significativamente maior (P<0,05) em T2 e T3 do que em T1. A ingestão média diária de matéria seca por 100 kg de peso corporal foi de 5,64, 5,95 e 5,97 para T1, T2 e T3, respetivamente, e as diferenças não foram significativas. A DMI/kg $W^{0.75}$ foi de 119,11±5,05, 124,32±2,73 e

Tabela 8: Densidade aparente das rações experimentais (kg/m³)

	T1	T2	T3
1	335.49	211.89	300.17
2	324.89	218.95	289.58
3	317.83	204.83	310.77
Mean	326.07^{b}	211.89^{a}	300.17^{b}
±SE	5.13	4.08	6.12

$^{a, b}$ Values with different superscripts in a row differ significantly (P<0.05)

124.80±1.88 g/d respectively for T1, T2 and T3 and the differences were non-significant.

4.4.2. Entrada de água

A ingestão média diária de água por kg de DMI foi de 2,26±0,07, 3,03±0,07 e 2,45±0,05 litros/dia em cordeiros alimentados com T1, T2 e T3, respetivamente (Tabela 10). O consumo de água por kg de DMI, por 100 kg de peso corporal e por kg de peso corporal metabólico foi significativamente diferente (P<0,05) entre os diferentes grupos experimentais, sendo mais elevado em T2 do que em T1 e T3.

4.4.3. Digestibilidade da matéria seca

As digestibilidades médias da MS em cordeiros alimentados com diferentes rações são apresentadas na Tabela 11. Foram observados coeficientes de digestibilidade médios de 58,96±0,11, 65,84±0,23 e 68,20±0,06 para T1, T2 e T3, respetivamente. O coeficiente de digestibilidade da matéria seca foi significativamente mais elevado (P<0,05) em T3 do que em T2 e foi mais baixo em T1.

4.4.4. Digestibilidade da matéria orgânica

As digestibilidades médias da matéria orgânica em borregos alimentados com diferentes rações são apresentadas na Tabela 12. Os coeficientes médios de digestibilidade da matéria orgânica foram 59,60±0,20, 67,57±0,14 e 71,64±0,68 para T1, T2 e T3, respetivamente. O coeficiente de digestibilidade da matéria orgânica foi maior (P<0,05) em T3, seguido por T2 e menor em T1.

4.4.5. Digestibilidade da proteína bruta

A ingestão média de PC, as saídas e os coeficientes de digestibilidade em borregos alimentados com diferentes rações são apresentados no Quadro 13. A ingestão média diária de 124,29± 0,26, 131,13± 0,45 e 115,45± 0,11 g/dia com coeficientes de digestibilidade de 65,98± 0,46, 69,00± 0,81 e 71,91± 0,66 foi observada em

Quadro 9: Consumo de matéria seca dos animais alimentados com diferentes rações durante o ensaio metabólico

Ration	DM intake (g/day)	Body weight (kg)	Metabolic body weight (Kg)	DM intake as % of body weight (kg)	DMI/Kg $W^{0.75}$ (g)
T1	1122.25[a] ±3.76	19.90 ±1.13	9.42 ±0.40	5.64 ±0.32	119.11 ±5.05
T2	1135.84[b] ±1.68	19.10 ±0.56	9.14 ±0.20	5.95 ±0.18	124.32 ±2.73
T3	1140.25[b] ±1.21	19.10 ±0.36	9.14 ±0.13	5.97 ±0.12	124.80 ±1.88

[a, b] Values with different superscripts in a column differ significantly ($P<0.05$)

Quadro 10: Consumo de água pelos ovinos afetado por diferentes rações experimentais

Ration	Body weight (kg)	Daily water intake(L)	Water intake per kg DMI(L)	Water intake per kg $W^{0.75}$(L)	Water intake per 100 kg body weight(L)
T1	19.90 ±1.13	2.54[a] ±0.08	2.26[a] ±0.07	0.27[a] ±0.02	12.76[a] ±0.93
T2	19.10 ±0.56	3.03[b] ±0.07	2.67[b] ±0.05	0.33[b] ±0.01	15.86[b] ±0.42
T3	19.10 ±0.36	2.45[a] ±0.05	2.15[a] ±0.04	0.27[a] ±0.00	12.83[a] ±0.11

[a, b] Values with different superscripts in a column differ significantly ($P<0.05$)

Quadro 11: Digestibilidade da matéria seca (%) das rações experimentais em borregos

Ration	Intake (g)	Outgo (g)	Digested (g)	Digestibility (%)
T1	1122.25 ±3.76	460.58 ±1.47	661.67 ±3.04	58.96^{a} ±0.11
T2	1135.84 ±1.68	388.01 ±2.19	747.84 ±3.55	65.84^{b} ±0.23
T3	1140.25 ±1.21	362.60 ±0.84	777.65 ±1.07	68.20^{c} ±0.06

$^{a, b, c}$ Values with different superscripts in a column differ significantly (P<0.05)

Quadro 12: Digestibilidade da matéria orgânica (%) das rações experimentais em borregos

Ration	Intake (g)	Outgo (g)	Digested (g)	Digestibility (%)
T1	988.68 ±3.06	399.42 ±2.06	589.26 ±2.98	59.60^{a} ±0.20
T2	1039.93 ±1.39	337.24 ±1.73	702.69 ±1.13	67.57^{b} ±0.14
T3	1051.66 ±1.01	298.22 ±4.93	753.44 ±5.48	71.64^{c} ±0.68

$^{a, b, c}$ Values with different superscripts in a column differ significantly (P<0.05)

Tabela 13: Digestibilidade da proteína bruta (%) das rações experimentais em borregos

Ration	Intake (g)	Outgo (g)	Digested (g)	Digestibility (%)
T1	124.29 ±0.26	42.28 ±0.56	82.01 ±0.62	65.98^{a} ±0.46
T2	131.13 ±0.45	40.63 ±0.94	90.49 ±1.33	69.00^{b} ±0.81
T3	115.45 ±0.11	32.43 ±0.75	83.02 ±0.80	71.91^{c} ±0.66

$^{a, b, c}$ Values with different superscripts in a column differ significantly (P<0.05)

Tabela 14: Digestibilidade da fibra bruta (%) das rações experimentais em borregos

Ration	Intake (g)	Outgo (g)	Digested (g)	Digestibility (%)
T1	226.21 ±1.37	107.34 ±0.85	118.86 ±2.03	52.54[a] ±0.60
T2	221.81 ±0.38	100.09 ±1.24	121.73 ±1.22	54.88[b] ±0.55
T3	252.47 ±0.30	101.68 ±1.22	150.79 ±1.23	59.73[c] ±0.48

[a, b] Values with different superscripts in a column differ significantly (P<0.05)

T1, T2 e T3, respetivamente. A digestibilidade do PC foi significativamente maior (P<0,05) em T3 do que em T2 e, por sua vez, a digestibilidade do PC foi maior em T2 em comparação com T1.

4.4.6. Digestibilidade da fibra bruta

Os consumos médios de CF foram de 226,21±1,37, 221,81±0,38 e 252,47±0,30 g/dia em borregos alimentados com T1, T2 e T3, respetivamente, e as diferenças não foram significativas (Tabela 14). Os coeficientes médios de digestibilidade da CF foram de 52,54±0,60, 54,88±0,55 e 59,73±0,48 para os animais experimentais nas rações T1, T2 e T3, respetivamente. A digestibilidade da FC foi significativamente maior (P<0,05) em T3, seguida por T2 e menor em T1.

4.4.7. Digestibilidade do extrato de éter

A ingestão média de EE (g/d) foi de 16,75± 0,07, 19,04± 0,03 e 21,66± 0,02 para os carneiros alimentados com T1, T2 e T3, respetivamente (Tabela 15). Os coeficientes médios de digestão do EE foram 74,18± 0,77, 84,42± 0,39 e 87,06± 0,51, respetivamente para T1, T2 e T3. A digestibilidade do EE foi significativamente maior (P<0,05) em T3, seguida por T2 e menor em T1.

4.4.8. Digestibilidade do extrato isento de azoto

A ingestão e a digestibilidade do NFE das três rações experimentais são apresentadas na Tabela 16. Os consumos médios diários foram de 624,05± 0,0, 665,07± 0,80 e 662,01± 0,58 com coeficientes de digestibilidade médios de 60,66± 0,31, 70,90± 0,45 e 75,63± 0,83 nos cordeiros de T1, T2 e T3, respetivamente. A digestibilidade do NFE foi significativamente mais elevada (P<0,05) em T3, seguida de T2 e mais baixa em T1.

Quadro 15: Digestibilidade do extrato etéreo (%) das rações experimentais em borregos

Ration	Intake (g)	Outgo (g)	Digested (g)	Digestibility (%)
T1	16.75 ±0.07	4.33 ±0.13	12.43 ±0.15	74.18[a] ±0.77
T2	19.04 ±0.03	2.97 ±0.07	16.08 ±0.09	84.42[b] ±0.39
T3	21.66 ±0.02	2.80 ±0.15	18.86 ±0.12	87.06[c] ±0.51

[a, b, c] Values with different superscripts in a column differ significantly (P<0.05)

Quadro 16: Digestibilidade do extrato livre de azoto das rações experimentais em borregos

Ration	Intake (g)	Outgo (g)	Digested (g)	Digestibility (%)
T1	624.05 ±0.00	245.47 ±1.92	378.57 ±1.92	60.66[a] ±0.31
T2	665.07 ±0.80	193.55 ±3.15	471.52 ±2.72	70.90[b] ±0.45
T3	662.01 ±0.58	161.30 ±5.43	500.71 ±5.67	75.63[c] ±0.83

[a, b, c] Values with different superscripts in a column differ significantly (P<0.05)

4.4.9. Digestibilidade da fibra em detergente neutro

As digestibilidades do NDF das três rações experimentais são apresentadas na Tabela 17. Os consumos médios diários de FDN foram de 602,73±2,01, 588,06±0,83 e 582,89±0,63 g, com coeficientes de digestibilidade médios de 42,94±1,97, 51,88±0,36 e 52,37±0,77 por cento em T1, T2 e T3, respetivamente. O coeficiente de digestibilidade da FDN foi significativamente (P<0,05) mais elevado em T2 e T3 em comparação com T1.

4.4.10. Digestibilidade da fibra em detergente ácido

A ingestão média de ADF (g/d) foi de 354,07±1,62, 371,42±0,51 e 359,79±0,39 para T1, T2 e T3, respetivamente (Tabela 18). Os coeficientes médios de digestibilidade do ADF foram 33,89±0,65, 48,93±1,02 e 45,07±0,55, respetivamente para T1, T2 e T3, e foram significativamente (P<0,05) diferentes entre os três grupos de tratamento. O coeficiente de digestibilidade do ADF foi significativamente (P<0,05) mais elevado em T2 seguido de T3 e mais baixo em T1.

4.4.11. Digestibilidade da hemicelulose

O consumo médio de HC foi de 248,65±0,39, 216,19±0,36 e 223,10±0,24 g/d em cordeiros alimentados com T1, T2 e T3, respetivamente (Tabela 19). Os coeficientes médios de digestibilidade da HC foram 55,83±4,16, 56,86±2,15 e 64,16±2,88 para os animais experimentais que receberam rações T1, T2 e T3, respetivamente. Não houve diferença significativa (P>0,05) para a digestibilidade da HC entre os três grupos de tratamento.

4.4.12. Digestibilidade da celulose

As digestibilidades médias da celulose em borregos alimentados com diferentes rações são apresentadas na Tabela 20. Foram registados coeficientes médios de digestibilidade da celulose de 22,65±1,35, 39,23±1,96 e 42,06±2,52 para T1, T2 e T3,

Quadro 17: Digestibilidade da fibra em detergente neutro (%) das rações experimentais em borregos

Ration	Intake (g)	Outgo (g)	Digested (g)	Digestibility (%)
T1	602.73 ±2.01	343.85 ±11.22	258.88 ±12.47	42.94^{a} ±1.97
T2	588.06 ±0.83	282.94 ±1.88	305.12 ±2.42	51.88^{b} ±0.36
T3	582.89 ±0.63	277.61 ±4.47	305.28 ±4.56	52.37^{b} ±0.77

$^{a, b}$ Values with different superscripts in a column differ significantly (P<0.05)

Quadro 18: Digestibilidade da fibra em detergente ácido (%) das rações experimentais em borregos

Ration	Intake (g)	Outgo (g)	Digested (g)	Digestibility (%)
T1	354.07 ±1.62	234.05 ±1.30	120.02 ±2.80	33.89^{a} ±0.65
T2	371.42 ±0.51	189.68 ±3.67	181.74 ±3.92	48.93^{c} ±1.02
T3	359.79 ±0.39	197.64 ±2.02	162.15 ±1.98	45.07^{b} ±0.55

$^{a, b, c}$ Values with different superscripts in a column differ significantly (P<0.05)

Quadro 19: Digestibilidade da hemicelulose (%) das rações experimentais em borregos

Ration	Intake (g)	Outgo (g)	Digested (g)	Digestibility (%)
T1	248.65 ±0.39	109.80 ±10.26	138.86 ±10.46	55.83 ±4.16
T2	216.19 ±0.36	93.26 ±4.66	122.93 ±4.63	56.86 ±2.15
T3	223.10 ±0.24	79.96 ±6.42	143.13 ±6.45	64.16 ±2.88

Means do not differ significantly (P>0.05)

Quadro 20: Digestibilidade da celulose (%) das rações experimentais em borregos

Ration	Intake (g)	Outgo (g)	Digested (g)	Digestibility (%)
T1	254.26 ±0.86	196.79 ±4.09	57.47 ±3.25	22.65[a] ±1.35
T2	253.54 ±0.36	154.07 ±5.00	99.47 ±4.96	39.23[b] ±1.96
T3	279.21 ±0.24	161.77 ±6.96	117.44 ±7.07	42.06[b] ±2.52

[a, b] Values with different superscripts in a column differ significantly (P<0.05)

Quadro 21: Digestibilidade dos nutrientes em borregos alimentados com diferentes rações completas

Nutrient	**Digestibility (%)**		
	T1	**T2**	**T3**
Dry matter	58.96[a] ±0.11	65.84[b] ±0.23	68.20[c] ±0.06
Organic matter	59.60[a] ±0.20	67.57[b] ±0.14	71.64[c] ±0.68
Crude Protein	65.98[a] ±0.46	69.00[b] ±0.81	71.91[c] ±0.66
Crude fiber	52.54[a] ±0.60	54.88[b] ±0.55	59.73[c] ±0.48
Ether extract	74.18[a] ±0.77	84.42[b] ±0.39	87.06[c] ±0.51
Nitrogen free extract	60.66[a] ±0.31	70.90[b] ±0.45	75.63[c] ±0.83
Neutral detergent fiber	42.94[a] ±1.97	51.88[b] ±0.36	52.37[b] ±0.77
Acid digestion fiber	33.89[a] ±0.65	48.93[c] ±1.02	45.07[b] ±0.55
Hemi cellulose	55.83 ±4.16	56.86 ±2.15	64.16 ±2.88
Cellulose	22.65[a] ±1.35	39.23[b] ±1.96	42.06[b] ±2.52

[a, b, c] Values with different superscripts in a row differ significantly (P<0.05)

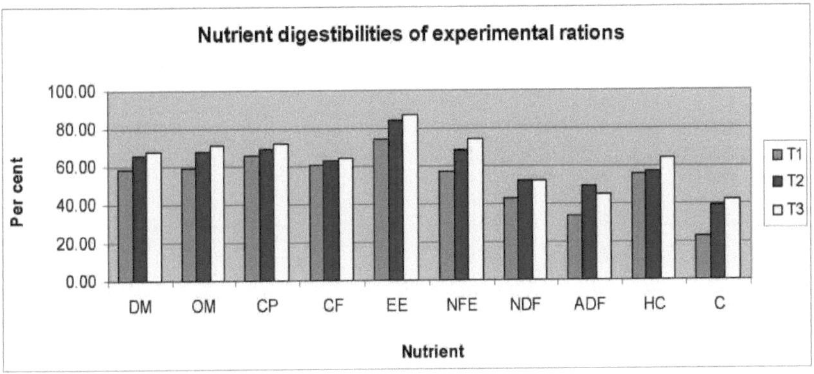

FIGURA 2

respetivamente. O coeficiente de digestibilidade da celulose foi significativamente menor (P<0,05) em T1 em comparação com T2 e T3.

4.4.13. Estudos de equilíbrio

4.4.13.1. Balanço do azoto: Os dados sobre a ingestão média, saída e retenção de azoto são apresentados na Tabela 22. A ingestão média de azoto (g/d) foi de 19,59±0,07, 19,83±0,3 e 19,90±0,02 nos borregos alimentados com T1, T2 e T3, respetivamente, e as diferenças foram significativas (P<0,05). Todos os animais apresentavam um balanço positivo de azoto. A retenção média diária de azoto (g/d) foi de 11,87±0,37, 11,75±0,65 e 11,64±0,42 g, respetivamente para T1, T2 e T3, e as diferenças não foram significativas (P>0,05). Quando expressa em % de ingestão e % absorvida, a retenção de N foi de 60,56±1,78, 92,57±0,86 no T1 59,28±3,29, 86,75±1,74 no T2 e 58,47±2,11, 90,58±3,75 no grupo T3, respetivamente.

4.4.13.2. Balanço de cálcio: Os dados diários de ingestão, saída e balanço de cálcio dos animais experimentais são apresentados na Tabela 23. Todos os cordeiros experimentais tinham um balanço positivo de cálcio. O balanço de cálcio foi de 7,36±0,60, 4,93±0,63 e 6,32±0,45 g/d para os grupos de tratamento T1, T2 e T3, respetivamente. A retenção de cálcio em percentagem da ingestão foi de 40,89±2,83, 41,69±5,79 e 43,58±1,27 entre os grupos de tratamento T1, T2 e T3, respetivamente, e as diferenças não foram significativas (P>0,05). O balanço de Ca (g/d) nos animais alimentados com T1 foi significativamente (P<0,05) superior ao T2. O balanço entre T1 e T3 foi comparável.

4.4.13.3. Balanço do fósforo: Os dados relativos à entrada, saída e balanço de fósforo (P) são apresentados no Quadro 24. Todos os animais experimentais tinham um balanço positivo de fósforo e as diferenças não eram significativas

Quadro 22: Balanço de azoto em borregos alimentados com diferentes rações experimentais

Attribute	T1	T2	T3
Nitrogen Intake	19.59[a] ±0.07	19.83[b] ±0.3	19.90[b] ±0.02
Nitrogen Output (g/d) (faeces)	6.78 ±0.27	6.30 ±0.53	7.04 ±0.16
Nitrogen Output (g/d) (urine)	0.95 ±0.10	1.77 ±0.18	1.22 ±0.49
Total N Output	7.72 ±0.34	8.07 ±0.65	8.26 ±0.42
Nitrogen balance (g/d)	11.87 ±0.37	11.75 ±0.65	11.64 ±0.42
N retention (% of Intake)	60.56 ±1.78	59.28 ±3.29	58.47 ±2.11
N retention (% of absorbed)	92.57 ±0.86	86.75 ±1.74	90.58 ±3.75

[a, b] Values with different superscripts in a row differ significantly ($P<0.05$)

Quadro 23: Balanço de cálcio em animais alimentados com diferentes rações experimentais

	T1	T2	T3
Ca intake (g/d)	17.95^{c} ±0.29	11.93^{a} ±0.46	14.54^{b} ±1.07
Ca output (g/d) (faeces)	9.33^{c} ±0.50	5.14^{a} ±0.68	6.80^{b} ±0.16
Ca output (g/d) (urine)	1.26 ±0.21	1.85 ±0.24	1.41 ±0.51
Total Ca excretion (g/d)	10.59^{b} ±0.39	6.99^{a} ±0.88	8.21^{a} ±0.67
Ca balance (g/d)	7.36^{b} ±0.60	4.93^{a} ±0.63	6.32^{ab} ±0.45
Ca retention (% of intake)	40.89 ±2.83	41.69 ±5.79	43.58 ±1.27

$^{a, b, c}$ Values with different superscripts in a row differ significantly ($P<0.05$)

Quadro 24: Balanço de fósforo em animais alimentados com diferentes rações experimentais

	T1	T2	T3
P intake(g/d)	4.94^{b} ±0.02	4.54^{a} ±0.01	6.16^{c} ±0.01
P output (g/d) (faeces)	1.73 ±0.06	1.74 ±0.07	1.90 ±0.05
P output (g/d) (urine)	1.11 ±0.10	0.84 ±0.15	1.34 ±0.65
Total P excretion (g/d)	2.84 ±0.13	2.58 ±0.10	3.24 ±0.61
P balance (g/d)	2.10 ±0.14	1.96 ±0.10	2.92 ±0.61
P retention (% of intake)	42.46 ±2.72	43.15 ±2.11	47.37 ±9.95

$^{a, b}$ Values with different superscripts in a row differ significantly ($P<0.05$)

(P>0.05). A retenção diária de P expressa em percentagem da ingestão foi de 42,46±2,72, 43,15±2,11 e 47,37±9,95 nos borregos que receberam T1, T2 e T3, respetivamente, e as diferenças não foram significativas (P>0,05).

4.5. Valor nutritivo

O valor nutritivo das rações experimentais é apresentado na Tabela 25. O teor de proteína bruta digestível (PCD) foi de 7,20±0,05, 8,12±0,11 e 7,27±0,07 por cento para T1, T2 e T3, respetivamente, e o teor de PCD de T2 foi significativamente mais elevado (P<0,05) do que o de T1 e T3. O teor de nutrientes digestíveis totais (NDT) foi de 53,77±0,20, 63,42±0,10 e 68,05±0,45 por cento para T1, T2 e T3, respetivamente, e o teor de NDT de T3 foi significativamente mais elevado (P<0,05) do que o de T2, que, por sua vez, foi mais elevado (P<0,05) do que o de T1. Os valores de DE e ME (MJ/kg DM) foram 9,92±0,04, 11,70±0,02 e 12,56±0,08; 8,14±0,03, 9,60±0,01 e 10,30±0,07 para T1, T2 e T3, respetivamente.

4.5.1 Plano de nutrição

Os dados sobre o plano de nutrição dos borregos alimentados com rações completas transformadas contendo várias forragens grosseiras durante o ensaio metabólico são apresentados no Quadro 26. A ingestão de MS expressa em percentagem do peso corporal ou por kg $w^{0.75}$ peso (g/d) foi de 5,64, 5,95, 5,97 por cento e 119,11, 124,32, 124,80 g, respetivamente. A ingestão média diária de DCP foi de 80,80, 92,23 e 82,90 g para T1, T2 e T3, respetivamente. A ingestão média diária de TDN foi de 603,43, 720,35 e 775,94 g entre T1, T2 e T3, respetivamente. A ingestão de MS, DCP e TDN nos cordeiros estava de acordo com as normas do ICAR (1998) e satisfazia as necessidades dos ovinos em crescimento com base no peso corporal.

Tabela 25: Valor nutritivo das rações experimentais com base na MS

Parameter	T1	T2	T3
DCP%	7.20^a ±0.05	8.12^b ±0.11	7.27^a ±0.07
TDN%	53.77^a ±0.20	63.42^b ±0.10	68.05^c ±0.45
DE(MJ/kg DM)	9.92^a ±0.04	11.70^b ±0.02	12.56^c ±0.08
ME(MJ/kg DM)	8.14^a ±0.03	9.60^b ±0.01	10.30^c ±0.07

$^{a, b, c}$ Values with different superscripts in a row differ significantly (P<0.05)

Os valores de DE e EM foram calculados multiplicando o TDN (kg) pelos factores 18,45 e 15,13, respetivamente (NRC, 1978)

Tabela 26: Plano de nutrição em borregos em crescimento alimentados com rações experimentais contendo diferentes fontes de forragem

Ration	Body weight(kg)	Metabolic body weight(kg)	DMI(g/d)	DMI(%B.Wt)	DMI/Kg W 0.75 (g)	DCPI(g/d)	DCPI/Kg W 0.75 (g)	TDNI(g/d)	TDNI / Kg W 0.75 (g)
T1	19.90	9.42	1122.25	5.64	119.11	80.80	8.58	603.43	64.05
T2	19.10	9.14	1135.84	5.95	124.32	92.23	10.09	720.35	78.84
T3	19.10	9.14	1140.25	5.97	124.80	82.90	9.07	775.94	84.93
ICAR (1998)[a]	20.00	9.46	680.00	3.40		63.00		410.00	

[a]ICAR (1998) Requirement for lambs growing at the rate of 100g/day

4.6. ESTUDOS DE ABATE.

4.6.1. Características da carcaça

Os pormenores das características da carcaça dos cordeiros alimentados com as rações experimentais são apresentados na Tabela 27. O peso vivo médio (kg) ao abate foi de 20,67±1,76, 21,67±0,67 e 21,63±0,49 em T1, T2 e T3, respetivamente. O peso médio do corpo vazio dos animais em T1, T2 e T3 foi de 13,84±0,48, 15,58±0,88 e 14,17±1,16 kg, respetivamente. O peso médio da carcaça quente (kg) dos animais foi de 8,67±1,07, 9,33±0,35 e 9,87±0,48 para os animais em T1, T2 e T3, respetivamente. Não foram observadas diferenças significativas para o peso antes do abate, o peso do corpo vazio e o peso da carcaça quente (kg) entre os vários grupos de tratamento.

A porcentagem média de cobertura no peso vivo e no peso do corpo vazio foi de 41,71±1,51, 45,60±1,25, 43,01±0,99 e 62,10±1,45, 65,93±1,12; 63,44±1,17, respetivamente, nos grupos T1, T2 e T3. As diferenças na porcentagem de cobertura no peso vivo ou no peso do corpo vazio entre os vários grupos de tratamento não foram estatisticamente significativas (P>0,05).

A porção comestível formou 54,36±2,04, 56,18±0,79 e 57,95±0,88 por cento e a porção não comestível formou 26,80±1,16, 27,36±1,43 e 26,65±0,14 por cento com base no peso de abate em animais alimentados com T1, T2 e T3, respetivamente. O rácio entre órgãos comestíveis e não comestíveis foi de 2,04±0,16, 2,07±0,13 e 2,26±0,05 para T1, T2 e T3, respetivamente. Não houve diferença significativa (P>0,05) entre os três grupos de tratamento para a porção comestível (%), a porção não comestível (%) e o seu rácio.

A proporção (%) de carne em T1, T2 e T3 foi de 57,34±2,09, 55,86±1,61 e 60,04±1,29, respetivamente. A percentagem de ossos foi de 36,12±2,13,

Tabela 27: Características da carcaça dos borregos alimentados com rações experimentais.

Attribute	T1	T2	T3
Live weight / Pre slaughter weight (PSW) (kg)	20.67 ±1.76	21.67 ±0.67	21.63 ±0.49
Empty Body weight (EBW) (kg)	13.84 ±0.48	15.58 ±0.88	14.17 ±1.16
Hot Carcass weight (kg)	8.67 ±1.07	9.33 ±0.35	9.87 ±0.48
Dressing percentage (% PSW)	41.71 ±1.51	45.60 ±1.25	43.01 ±0.99
Dressing percentage (% EBW)	62.10 ±1.45	65.93 ±1.12	63.44 ±1.17
Edible (%)	54.36 ±2.04	56.18 ±0.79	57.95 ±0.88
Non Edible (%)	26.80 ±1.16	27.36 ±1.43	26.65 ±0.14
Edible : Non Edible portion ratio	2.04 ±0.16	2.07 ±0.13	2.26 ±0.05
Meat (%)	57.34 ±2.09	55.86 ±1.61	60.04 ±1.29
Bone (%)	36.12 ±2.13	34.65 ±1.54	33.36 ±1.28
Fat (%)	6.54[a] ±0.61	9.49[b] ±0.89	6.60[a] ±0.88
Meat: bone	1.71 ±0.16	1.68 ±0.12	1.85 ±0.10

[a, b] Values with different superscripts in a row differ significantly ($P<0.05$)

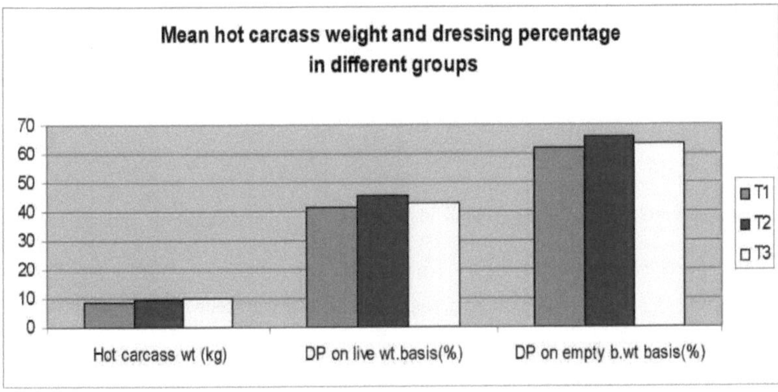

FIGURA 3

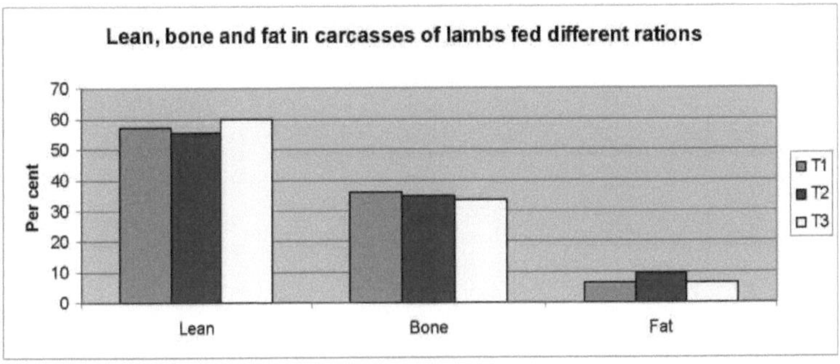

FIGURA4

34,65±1,54 e 33,36±1,28 e o teor de gordura foi de 6,54±0,61, 9,49±0,89 e 6,60±0,88 por cento em T1, T2 e T3, respetivamente. Foi observado um teor de gordura significativamente mais elevado ($P<0,05$) em T2 do que em T1 e T3 e não houve diferença significativa entre T1 e T3. O rácio carne: osso foi de 1,71±0,16, 1,68±0,12 e 1,85±0,10 nos animais alimentados com T1, T2 e T3, respetivamente. Não houve diferença significativa ($P>0,05$) para a relação carne: osso entre os grupos de tratamento.

4.1.3. Pesos dos órgãos.

A proporção de fígado, rim, coração e testículos (em % PSW) foi de 1.72±0.05, 0.30±0.01, 0.44±0.02, e 0.64±0.27 em animais alimentados com T1 e 1.71±0.11, 0.27±0.02, 0.40±0.02 e 0.84±0.11 em T2 e 1.61±0.05, 0.26±0.02, 0.42±0.01 e 0.97±0.17 para animais em T3. (Os pesos dos órgãos não foram estatisticamente diferentes ($P>0,05$). As proporções de carne composta por coração, fígado e pulmões foram de 3,45±0,13, 3,41±0,7 e 3,35±0,05 nos animais alimentados com T1, T2 e T3, respetivamente. As proporções do trato gastrointestinal com ingesta (TGI cheio) e sem ingesta (TGI vazio) foram 30,05±1,58, 29,26±0,85, 28,54±1,00 e 8,15±1,26, 7,75±0,32, 8,29±0,40 nos animais alimentados com T1, T2 e T3, respetivamente. Da mesma forma, os pesos do baço, pulmões com traqueia, gordura foliar, pele, cabeça e sangue foram comparáveis entre os grupos e os valores expressos em % PSW foram 0,31±0,06, 1,29±0,11, 1,05±0,48, 14,24±0,41, 7.24±0,16, 2,81±0,17 para T1 e 0,38±0,07, 1,30±0,03, 0,70±0,21, 15,35±1,67, 7,19±0,21, 2,63±0,10 para T2 e 0,24±0,01, 1,32±0,03, 0,67±0,17, 8,40±4,20, 6,94±0,20, 2,62±0,25 para T3, respetivamente.

4.1.4. Percentagem das diferentes peças de venda inteiras

A proporção de pernil dianteiro e peito em percentagem nos animais alimentados com T1, T2 e T3 foi de 16,60±0,47, 16,88±0,65 e 17,05±0,35; a percentagem de espádua e pescoço foi de 24,56±0,50, 26,38±0,75 e 23,54±2.24; a percentagem de cremalheira foi de 13,23±0,69, 12,41±0,25 e 14,84±3,39; a percentagem de leão foi de 11,60±0,10, 10,69±0,58 e 11,36±0,48 e a percentagem de perna foi de 34,00±0,44, 33,64±1,11 e 33,21±1,15, respetivamente (quadro 29). Não houve diferença significativa (P>0,05) para os diferentes cortes inteiros de venda dos animais alimentados com várias rações experimentais.

Tabela 28: Pesos dos órgãos em % do peso antes do abate nos diferentes grupos de tratamento

Attribute	T1	T2	T3
Liver	1.72 ±0.05	1.71 ±0.11	1.61 ±0.05
Kidney	0.30 ±0.01	0.27 ±0.02	0.26 ±0.02
Heart	0.44 ±0.02	0.40 ±0.02	0.42 ±0.01
Testes	0.64 ±0.27	0.84 ±0.11	0.97 ±0.17
Pluck	3.45 ±0.13	3.41 ±0.7	3.35 ±0.05
GIT(Full)	30.05 ±1.58	29.26 ±0.85	28.54 ±1.00
GIT(Empty)	8.15 ±1.26	7.75 ±0.32	8.29 ±0.40
Spleen	0.31 ±0.06	0.38 ±0.07	0.24 ±0.01
Lungs with trachea	1.29 ±0.11	1.30 ±0.03	1.32 ±0.03
Leaf fat	1.05 ±0.48	0.70 ±0.21	0.67 ±0.17
Skin	14.24 ±0.41	15.35 ±1.67	8.40 ±4.20
Head	7.24 ±0.16	7.19 ±0.21	6.94 ±0.20
Blood	2.81 ±0.17	2.63 ±0.10	2.62 ±0.25

No significant (P>0.05) difference among the groups

Quadro 29: Proporção de diferentes peças inteiras de animais experimentais alimentados com diferentes rações.

	T1	T2	T3
Fore shank and Brisket (%)	16.60 ±0.47	16.88 ±0.65	17.05 ±0.35
Shoulder and Neck (%)	24.56 ±0.50	26.38 ±0.75	23.54 ±2.24
Rack (%)	13.23 ±0.69	12.41 ±0.25	14.84 ±3.39
Lion (%)	11.60 ±0.10	10.69 ±0.58	11.36 ±0.48
Leg (%)	34.00 ±0.44	33.64 ±1.11	33.21 ±1.15

No significant ($P>0.05$) difference among the groups

CAPÍTULO 5

DISCUSSÃO

Os resultados dos estudos de crescimento, metabólicos e de abate em borregos alimentados com três rações completas contendo resíduos de culturas convencionais de palha de jowar (T1), palha de milho (T2) e subproduto agroindustrial bagaço de sorgo doce (T3) a 50% e transformados em pellets de extrusora expansora são discutidos abaixo.

5.1. COMPOSIÇÃO QUÍMICA

5.1.1. FONTES DE ALIMENTOS GROSSEIROS

A composição da palha de jowar (JS), da palha de milho (MS) e do bagaço de sorgo doce (SSB) revelou uma variação no teor de PC (Quadro 2), que variou entre 4,02% (SSB) e 5,20% (MS). O teor de PC de JS, MS e SSB foi superior a 4% e comparável ao de resíduos de culturas comuns à base de cereais, como palha de arroz, palha de bajra, palha de trigo, etc. Misra *et al.* (2009) registaram um teor de PC de 4,15% e 4,13% em JS e MS, respetivamente, contra 4,15% e 5,20% como observado no presente estudo. Pailan *et al.* (2009) registaram 4,90% de PC na JS. Almodares *et al.* (2009) registaram um teor de PC de 5,40% no SSB e Reddy *et al.* (2002) registaram 3,20% de PC no bagaço de cana-de-açúcar.

A percentagem de FC no presente estudo variou muito entre as forragens, tendo a mais baixa sido registada na MS (30,99) e a mais elevada na JS (43,21). Wanghmare *et al.* (1987) registaram 32,10%, Sivaiah *et al.* (2003) registaram 33,05%, Misra *et al.* (2009) registaram 33,41% e Pailan *et al.* (2009) registaram 38,60% de CF no feno de jowar contra 43,21% registados no presente estudo. Govindaiah *et al.* (1991) registaram 37,76%, Misra *et al.* (2009) registaram 34,59% de CF em MS contra 30,99% registados no presente estudo. Reddy *et al.* (2002) registaram 41,70% de CF em bagaço de cana-de-açúcar, enquanto Almodares *et al.* (2009) registaram 40,60% de CF em SSB, o que foi comparável ao teor de CF de SSB (38,76%) registado no presente estudo.

O teor de EE nas três forragens grosseiras foi comparável (>1% EE). Misra *et al.* (2009) registaram 1,07% de EE na JS e 1,14% de EE na MS. Em contrapartida, Pailan *et al.* (2009) registaram 0,8% de EE na JS. Reddy *et al.* (2002) relataram 1,35% de EE no bagaço de cana-de-açúcar, o que foi comparável ao EE registado (1,27%) em SSB no presente estudo. O teor de NFE variou de 41,04 (JS) a 50,51 (MS). Todos os três alimentos grosseiros experimentados no presente estudo registaram mais de 40% de NFE, o que indica um elevado nível de hidratos de carbono solúveis.

O teor de NDF variou de 75,01% (SSB) a 77,93% (MS). O teor de ADF variou de 42,44% (SSB) a 46,19% (JS). O teor de celulose (C) variou de 35,64% (JS) a 37,12% (MS) e o de hemicelulose (HC) variou de 28,89% (JS) a 34,70% (MS). O teor de lignina variou de 4,11% (SSB) a 10,71% (JS). Em concordância com os resultados, Teka *et al.* (2008) registaram percentagens de NDF, ADF, HC, C e lenhina de 72,57, 43,51, 29,06, 35,12 e 8,39, respetivamente, no JS. Pailan *et al.* (2009) registaram 77,6% de FDN, 45,90% de ADF, 31,70% de HC, 37,80% de C e 8,50% de lenhina na JS. Tesfaye Desalew (2008) registou valores comparáveis no feno de jowar no que diz respeito ao NDF e ADF (75,50 e 44,9%). Sivaiah *et al.* (2003) registaram 66,96% de NDF, 47,59% de ADF, 19,37% de hemicelulose, 35,03% de celulose e 10,17% de lenhina no JS. Misra *et al.* (2009) registaram percentagens de NDF e ADF de 75,06 e 46,54% na JS e 71,04 e 44,38% na MS, respetivamente. Reddy *et al.* (2002) registaram 69,77% de NDF e 43,13% de ADF no bagaço de cana-de-açúcar. O teor de cinzas totais (TA) foi mais elevado na JS (10,49) e mais baixo na SSB (9,92). Reddy *et al.* (2002) registaram 5,29% de AT no bagaço de cana-de-açúcar. Sivaiah *et al.* (2003) registaram 6,22% de AT no bagaço de cana. Misra *et al.* (2009) registaram uma TA de 8,47 e 8,90 em JS e MS, respetivamente. Tesfaye Desalew (2008) registou uma TA de 7,9% na JS.

O teor de cálcio (Ca) variou de 0,32% (SSB) a 0,45% (JS) e o teor de fósforo (P) variou de 0,15% (JS) a 0,22% (SSB). Os resultados corroboram as observações relatadas por Misra *et al.* (2009) em JS (0,45% Ca & 0,15% P) e MS (0,35% Ca & 0,19% P). Reddy *et al.* (2002) registaram 0,51% de Ca e 0,23% de P no bagaço de cana-de-açúcar, contra 0,32% de Ca e 0,22% de P (em SSB), conforme registado no presente estudo.

Observaram-se variações consideráveis entre as forragens grosseiras no seu perfil nutricional. As variações na composição química em relação aos valores comunicados podem ser atribuídas a diferenças no tipo de solo, na aplicação de fertilizantes azotados, na maturidade, na espécie ou variedade, nas condições agro-climáticas, etc.

5.1.2. Rações experimentais.

A composição química das rações oferecidas (T1, T2 e T3) aos cordeiros em crescimento é apresentada na Tabela 3. Nas rações completas, o PC variou de 10,11 (T3) a 11,77 (T2) e o CF variou de 19,59 (T2) a 22,17 (T3). A inclusão de MS com maior PC e menor CF reflectiu-se em T2 com os valores de 11,77% e 19,59%, respetivamente.

5.2. ESTUDO DO CRESCIMENTO

Foi efectuado um ensaio de crescimento durante um período de 120 dias para estudar o efeito da alimentação dos borregos com rações completas transformadas (Quadro 4).

5.2.1. Ganho de peso

Os ganhos médios diários (ADG) observados nos cordeiros variaram entre 70,16 (T1) e 81,25 g (T3). O GDA dos cordeiros alimentados com T3 foi comparável ao de T1 e T2, mas foi 15,81 e 5,07 por cento mais elevado do que o dos alimentados com T1 e T2, respetivamente, o que pode dever-se às digestibilidades mais elevadas dos nutrientes observadas neste grupo (Quadro 21). Reddy *et al.* (2002) relataram um aumento no ADG devido à maior digestibilidade da MO, PC e utilização eficiente do nitrogênio absorvido por causa do suprimento de energia correspondente disponível como resultado de uma maior digestibilidade da MO, quando a dieta completa de extrusora expansora baseada em bagaço de cana foi fornecida a bezerros Ongole. Tumbare *et al.* (2001) relataram que a ração completa contendo palha de trigo amoniada podia manter as ovelhas

(Mutton Synthetic x Deccani Sheep) com um ganho médio de peso corporal de 60 a 70 g/dia. Noutro estudo, Dhore *et al.* (2007) concluíram que a palha de sorgo podia ser incorporada com êxito na dieta completa peletizada de cabras, com um ganho de peso médio de 66 g/dia. Blummel *et al.* (2009) registaram um ganho de peso vivo (GV) semelhante em touros alimentados com blocos à base de bagaço de sorgo doce e folhas descascadas e em touros alimentados com blocos de ração comercial à base de palha de sorgo. Os ganhos diários de peso vivo mais elevados observados nos borregos alimentados com T3 no presente estudo indicaram que o SSB é uma fonte potencial de forragem grosseira e pode ser considerado uma alternativa ao JS e à MS.

5.2.2. Rácio de conversão alimentar (FCR)

A ração necessária por kg de ganho foi menor em T3 em 6,7% em comparação com T1, embora as diferenças não tenham sido estatisticamente significativas (P>0,05) entre os grupos de tratamento (Tabela 7). O resultado indicou que a SSB poderia ser utilizada como alternativa a outros resíduos de culturas convencionais. Babiker *et al.* (2009) referiram que os pellets de dieta completa à base de bagaço de cana-de-açúcar melhoraram a TCA e atribuíram esse facto à ausência de alimentação selectiva por parte dos cordeiros (Church e Kellems, 1998; Beardsley, 1964). Do mesmo modo, Nagalakshmi e Narasimha Reddy (2010) referiram que o bagaço de cana-de-açúcar de baixa densidade podia ser utilizado como fonte de forragem para búfalos, incorporando-o em rações completas processadas por extrusora expansora, a fim de atenuar a escassez de forragens verdes e outras forragens convencionais.

Dhage *et al.* (2008) referiram que os alimentos não convencionais, ou seja, a Dhaincha verde (*Sesbania aculeata*) e a luzerna (*Medicago sativa*), dados aos borregos a 50%, revelaram uma maior eficiência de conversão alimentar em comparação com os níveis de 25 ou 75% de inclusão em rações completas.

5.2.3. Custo da alimentação

O custo de alimentação da ração experimental (T3) contendo SSB foi inferior ao das outras duas rações experimentais (Quadro 6) e deveu-se à disponibilidade de SSB a um custo comparativamente baixo. O menor custo da ração por kg de ganho de peso na T3 deveu-se a uma melhor TCA e ao baixo custo da ração (Quadro 7). Este facto está de acordo com as conclusões de Patel *et al.* (2004), que referiram um custo mais baixo da ração, um custo da ração/kg de ganho e um custo da ração/kg de peso vivo em borregos desmamados devido à utilização de ingredientes não convencionais mais baratos. Nagalakshmi e Narasimha Reddy, (2010) registaram um menor custo de alimentação (P<0,01) / kg de produção de leite quando a dieta completa de pellets extrudidos com expansor contendo bagaço de cana-de-açúcar foi dada a búfalas Murrah. Do mesmo modo, Reddy *et al.* (2002) referiram que o custo da alimentação/kg de ganho foi reduzido devido à utilização de uma dieta completa peletizada por extrusora expansora contendo bagaço de cana-de-açúcar em vitelos ongole.

5.3. Densidade a granel

A densidade aparente das rações experimentais variou de 211,89 kg/m^3 (T2) a 326,07 kg/m^3 (T3) (Tabela 8) no presente estudo. A densidade aparente da ração experimental contendo T2 foi significativamente (P<0,05) menor do que T1 e T3. Em concordância com as observações anteriores, Kundu *et al.* (1995) afirmaram que a densidade aparente dos alimentos para ruminantes, isto é, das forragens fibrosas como o feno, o bagaço e a palha de arroz, variava entre 50-75 kg/m^3 e aproximadamente 500 kg/m^3 para os ingredientes moídos dos alimentos concentrados. Parra e Escobar (1985) referiram que a densidade aparente da palha de sorgo seca ao ar e do bagaço de cana-de-açúcar era de 50-100 e 120-170 kg/m^3 , respetivamente. A inclusão da forragem grosseira transformada e dos ingredientes concentrados na ração a um nível de 50:50 produziu um maior grau de densificação em comparação com a densidade aparente da forragem grosseira única no presente estudo. Além disso, a ração peletizada extrudida com expansor contendo SSB tem uma densidade aparente comparável à da ração peletizada à base de feno de jowar.

5.4. Estudos de digestão e metabolismo

5.4.1. Ingestão de matéria seca

Os dados apresentados no Quadro 9 indicam que houve uma diferença significativa (P<0,05) entre as três rações experimentais no que respeita à ingestão de matéria seca (g/dia). O consumo de MS (g/dia) foi menor na ração completa à base de feno de jowar em comparação com as outras duas rações experimentais.

A ingestão de MS variou de 1122,25 (T1) a 1140,25 g/d (T3). Um DMI semelhante (1134g/d) foi relatado por Kumari *et al.* (2009) com pellets extrudidos expansivos à base de SSB (50:50) em ovelhas Deccani. Dhuria *et al* (2007) registaram 85,4 g de ingestão de MS /Kg $W^{0.75}$ em ovelhas alimentadas com ração completa à base de palha de bajra (nível de 50%), ao contrário dos valores observados no presente estudo, que variaram entre 119,11 (T1) e 124,80 g DMI/Kg $W^{0.75}$ (T3). Rao *et al.* (1994) avaliaram rações completas contendo várias forragens grosseiras (feno de erva-de-são-joão (*Heteropogon contortus*), feno de erva-nendra (*Sehima nervosum*), girassol, algodão e palha de sorgo (Jowar), palha de milho, cascas de amendoim, bagaço de cana-de-açúcar e cascas de amendoim) em ovelhas de Nellore, cada uma a 25%, e registaram um consumo diário de MS de 41 (bagaço) a 86 (feno de erva-nendra) g/kg$^{0.7}$ 5. Em contraste, Blummel *et al.* (2009) não registaram diferenças estatísticas na ingestão de MS entre os touros alimentados com blocos à base de bagaço de sorgo doce e folhas descascadas e os alimentados com blocos de ração comercial à base de palha de sorgo. As razões para a variação no presente estudo no que respeita à DMI podem dever-se à influência de muitos parâmetros possíveis, como as características texturais dos alimentos que determinam o seu grau de aceitação, o peso corporal inicial, as condições ambientais, o teor de fibra bruta e o tempo de ruminação, etc. Silanikove (1986) inferiu que a ingestão de alimentos pelos ruminantes é regulada pela capacidade ruminal, pela taxa de passagem e pela digestibilidade da matéria seca. Estes parâmetros podem ter imposto um efeito individual ou aditivo no presente estudo.

A maior ingestão de MS observada com a ração experimental contendo T3 no presente estudo indicou que a SSB era igualmente palatável em comparação com as rações contendo feno de jowar e feno de milho.

5.4.2. Entrada de água

No presente estudo, registou-se uma diferença significativa (P<0,05) na ingestão média diária de água por kg de DMI entre os ovinos alimentados com as rações experimentais (Quadro 10). Verificou-se que as ovelhas alimentadas com a ração experimental T2 consumiram uma maior quantidade de água por kg de DMI. No entanto, não houve significância na ingestão de água entre os ovinos alimentados com T1 ou T3. O maior consumo diário de água pode ser devido ao maior teor de PB na T2. Aganga (1993) referiu que as ovelhas alimentadas com um rácio de concentrado - ração de 60:40 consumiam 1,50 L/dia em comparação com as ovelhas alimentadas com 70:30 que consumiam 1,60 L/dia. Atribuiu este facto ao aumento do teor de concentrado da dieta, o que resultou num maior consumo de proteínas brutas do que as ovelhas alimentadas com uma ração de 60% de concentrado. O resultado é uma maior necessidade de água para limpar os rins de resíduos azotados. Pode inferir-se que a inclusão de SSB na T3 não teve efeitos adversos no consumo de água.

5.4.3. Digestibilidade da matéria seca

A digestibilidade da matéria seca (Tabela 11) entre os três grupos de tratamento foi significativamente diferente (P<0,05). Os animais alimentados com rações à base de SSB apresentaram uma digestibilidade da MS significativamente mais elevada do que o T2, que, por sua vez, foi superior ao T1. À semelhança da digestibilidade da MS observada no presente estudo, Kumari *et al.* (2009) registaram 67,1% de digestibilidade da MS quando a SSB foi incluída a 50% na dieta completa transformada em pellets extrudidos com expansor para ovelhas Deccani. Reddy *et al.* (2002) registaram 60,43% de digestibilidade da MS quando 40% de bagaço de cana-de-açúcar foi incorporado em dietas completas de extrusoras expansoras em vitelos de Ongole. Rao *et al.* (1994) registaram uma maior digestibilidade da MS em ovelhas Nellore alimentadas com uma dieta completa que continha palha de milho, em comparação com outras fontes de forragem (palhas de algodão e de jowar (sorgo), bagaço de cana-de-açúcar e cascas de amendoim) quando incluídas a 25%.

5.4.4. Digestibilidade da matéria orgânica

A digestibilidade da matéria orgânica foi significativamente (P<0,05) mais alta no grupo T3, seguido por T2 e T1 (Tabela 11). A maior digestibilidade da matéria orgânica observada no presente estudo deveu-se ao efeito cumulativo do PC, EE, CF e NFE digestíveis, indicando que a matéria orgânica da SSB foi utilizada com melhor eficácia do que as rações convencionais contendo jowar e palha de milho pelos cordeiros.

Afzal Yasir *et al.* (2008) registaram uma digestibilidade da matéria orgânica de 63,86% para blocos de ração completos à base de palha de milho dados a cordeiros. Kumari *et al.* (2009) registaram uma digestibilidade de 69,2% da matéria orgânica quando a SSB foi incluída a 50% e transformada em pellets extrudidos por expansão com ovelhas Deccani.

5.4.5. Digestibilidade da proteína bruta

Os dados apresentados no Quadro 12 indicam que a digestibilidade do PC entre os três grupos de tratamento foi significativamente diferente (P<0,05), tendo o T3 uma maior digestibilidade do PC do que o T2 e o T1. Reddy *et al.* (2001), Nagalakshmi *et al.* (2004) e Reddy *et al.* (2002) relataram efeitos benéficos semelhantes na digestibilidade do PC devido à incorporação de resíduos de culturas na dieta completa e ao processamento por extrusão quando alimentaram búfalos Murrah com espigas de milho e palha de algodão e bezerros ongole com bagaço de cana, respetivamente. A peletização do bagaço de cana-de-açúcar aumentou a digestibilidade da PB em comparação com a do bagaço moído em pequenos ruminantes (Reddy *et al.* 1993). A maior digestibilidade da proteína no T3 pode dever-se a um nível de EM significativamente mais elevado. A ligação das moléculas de proteína a outros componentes da ração com um aumento da pressão e da temperatura durante o processamento no expansor pode ter exposto a proteína a uma melhor utilização a nível intestinal devido ao fenómeno da "proteína protegida" (Glimp *et al.* 1967; Broderick, 1975), responsável por uma maior digestibilidade do PC. Dhuria *et al* (2007) registaram uma digestibilidade do PC de 67,9% em ovinos alimentados com ração completa à base de palha de bajra (nível de 50%).

5.4.6. Digestibilidade da fibra bruta

A digestibilidade da fibra bruta entre os três grupos de tratamento foi significativamente diferente (P<0,05) (Tabela 13) e a maior digestibilidade foi observada em T3, seguida por T2 e T1. As digestibilidades da fibra bruta foram comparáveis aos valores relatados por Dhuria *et al.* (2007) e Reddy *et al.* (2002). Madhavi *et al.* (2009) relataram que a digestibilidade da CF foi significativamente (P<0,05) maior em cordeiros alimentados com rações peletizadas em comparação com a dieta convencional e a dieta completa em forma de puré. As rações peletizadas apresentaram maior digestibilidade devido ao processamento, que poderia alterar a celulose da estrutura cristalina para o estado amorfo e também a celulose de cadeia longa seria quebrada pelo calor e pressão, deixando segmentos mais vulneráveis à ação bacteriana (Jahn e Kamstra, 1960). Além disso, os tratamentos físicos prévios à transformação, como o corte e a trituração, melhoram a digestibilidade da matéria fibrosa, fornecendo partículas de pequenas dimensões, aumentando assim a superfície exposta aos ataques microbianos. Quando as forragens grosseiras, associadas a outros ingredientes em regimes alimentares completos, são ingeridas em níveis mais elevados, devido ao efeito associativo, a digestibilidade aumenta (Bruni e Antongiovanni 1998).

5.4.7. Digestibilidade do extrato etéreo (EE)

Houve uma diferença significativa (P<0,05) na digestibilidade do EE entre os tratamentos e foi observada uma maior digestibilidade em T3, seguida de T2 e T1 (Tabela 14). Shehata e Nour (1986) registaram um aumento significativo da digestibilidade do extrato etéreo em ovinos alimentados com uma dieta completa peletizada contendo 50% de palha de arroz. Nagalakshmi *et al.* (2004) registaram um aumento da digestibilidade do EE em búfalas Murrah alimentadas com uma dieta completa peletizada extrudida com expansor contendo palha de algodão, em comparação com uma ração convencional constituída por uma mistura de concentrados, uma quantidade limitada de forragens verdes e palha de sorgo ad libitum. Suresh Kumar *et al.* (2000) registaram um coeficiente de digestibilidade do EE mais elevado (P<0,01) em novilhas búfalas Murrah alimentadas com dietas completas à base de palha de trigo (nível de 50%).

5.4.8. Digestibilidade do extrato isento de azoto (NFE)

A digestibilidade do NFE variou de 60,66% (T1) a 75,63% (T3). A digestibilidade da FNE foi significativamente (P<0,05) mais elevada em T3, seguida de T2 e T1. Dhuria *et al* (2007) registaram uma digestibilidade do NFE de 67,1 por cento em ovinos alimentados com ração completa à base de palha de bajra (nível de 50%), em comparação com os valores observados no presente estudo, que variaram entre 60,66% (T1) e 75,63% (T3). Nagalakshmi *et al.* (2004) e Nagalakshmi e Narasimha Reddy, (2010) registaram 62,67% e 63,24% de digestibilidade do FNE quando a palha de algodão e o bagaço de cana-de-açúcar foram alimentados com uma dieta completa à base de extrusora expansora para búfalos, respetivamente.

5.4.9. Fracções de fibras

A digestibilidade da fibra detergente neutra (FDN) e da celulose (Tabela 17, 20) foi significativamente (P<0,05) diferente entre os três tratamentos. As digestibilidades da FDN e da celulose em T3 e T2 foram significativamente (P<0,05) maiores do que em T1. As digestibilidades NDF mais elevadas observadas em T3 e T2 em comparação com T1 no estudo pré-estabelecido estão de acordo com os níveis semelhantes de ingestão voluntária (Tabela 9) da ração e, consequentemente, a disponibilidade de energia líquida. No entanto, houve diferença significativa (P<0,05) na digestibilidade da fibra em detergente ácido (FDA) entre as três rações experimentais. A digestibilidade da FDA da T2 foi significativamente mais elevada (P<0,05) do que a da T3, possivelmente devido ao teor de lenhina significativamente mais baixo, seguida da T1, possivelmente devido ao teor de lenhina significativamente mais baixo. Não foram observadas diferenças significativas (P>0,05) na digestibilidade da hemicelulose entre as três rações experimentais. Bruni e Antongiovanni (1998) afirmaram que os tratamentos físicos melhoram a degradabilidade e a digestibilidade dos alimentos fibrosos em ruminantes. Suresha *et al.* (2009) registaram uma maior digestibilidade das fracções fibrosas, com exceção da FDN, em grama vermelha e grama de bengala incorporadas em pellets de alimentos completos para cabras, devido a uma maior disponibilidade de proteínas e energia que pode ter melhorado a atividade microbiana no rúmen. Suresh Kumar *et al.* (2000) registaram um coeficiente de digestibilidade mais elevado (P<0,01) da FDN e da FDA em novilhas búfalas Murrah alimentadas com dietas completas à base de palha de trigo (nível de 50%). Blummel *et al.* (2009) afirmaram que as alterações físicas no bagaço facilitaram uma colonização microbiana mais rápida e mais elevada e, em última análise, uma maior digestão das partículas de fibra residual em touros. A digestibilidade das fracções de fibra no presente estudo indicou que os constituintes da parede celular no SSB são mais bem digeríveis do que o jowar e o feno de milho.

5.5. ESTUDOS DE BALANÇO

5.5.1. Balanço do azoto

Foram registados balanços positivos de azoto (N) (Quadro 22) em todas as rações experimentais no presente estudo, indicando que todas as rações experimentais satisfaziam as necessidades de N dos borregos experimentais. Embora houvesse diferenças significativas ($P<0,05$) na ingestão de azoto, não se observaram diferenças significativas ($P>0,05$) na retenção ou no balanço de azoto entre os diferentes tratamentos dietéticos. Kumari *et al.* (2009) registaram uma maior retenção de azoto (14,42 g/d) quando a SSB foi incluída a 50% na dieta completa transformada em pellets extrudidos expansíveis para ovelhas Deccani. Ibrahim *et al.* (1998) registaram uma maior retenção de N ($P<0,05$) em animais experimentais alimentados com rações de pellets extrudidos expansivos e de pellets a vapor do que os animais alimentados com rações de puré e convencionais. Reddy *et al.* (2002) relataram uma melhor utilização do azoto absorvido e atribuíram-na ao fornecimento adequado de energia devido a uma maior digestibilidade do extrato livre de azoto em novilhos ongole alimentados com uma dieta completa processada por extrusora expansora contendo bagaço de cana de açúcar.

5.5.2. Equilíbrio do cálcio

Todos os animais experimentais no presente estudo estavam em equilíbrio positivo de cálcio (Ca) (Tabela 22). Houve diferenças significativas ($P<0,05$) na ingestão de cálcio entre os tratamentos. O balanço de Ca (g/d) nos animais alimentados com T1 foi significativamente ($P<0,05$) superior ao de T2. Madhavi *et al.* (2009) relataram um balanço de Ca significativamente ($P<0,05$) mais elevado em dietas completas peletizadas com bolo de sementes de nim em comparação com dietas completas de puré dadas a ovelhas Nellore. Em contrapartida, Reddy *et al.* (2002) não registaram diferenças significativas ($P>0,05$) no balanço de Ca em vitelos Ongole alimentados com uma dieta completa processada por extrusora expansora contendo bagaço de cana-de-açúcar.

5.5.3. Balanço do fósforo

Todos os animais experimentais no presente estudo tinham um balanço positivo de fósforo (Tabela 23) e as diferenças não foram significativas ($P>0,05$). Suresha *et al.* (2009) não registaram diferenças significativas ($P<0,01$) no balanço de fósforo em cabras alimentadas com dietas completas peletizadas à base de palha de gramínea. No presente estudo, embora os valores não tenham sido significativos, observou-se uma melhor retenção de fósforo (% de ingestão) numa dieta à base de SSB devido a uma menor excreção.

5.6. VALOR NUTRITIVO

5.6.1. Proteína bruta digestível

O conteúdo de DCP das rações no presente estudo foi de 7,20, 8,12 e 7,27 por cento respetivamente para T1, T2 e T3. O teor de DCP foi significativamente ($P<0,05$) maior em T2 do que em T1 do que em T3 (Tabela 25). O teor mais elevado de DCP na ração à base de SSB (T3) do que o observado na ração contendo feno de jowar (T1) pode ser devido à digestibilidade significativamente mais elevada do PC (Tabela 13).

5.6.2. Nutrientes Digestíveis Totais (NDT), Energia Digestível e Metabolizável

O TDN foi significativamente ($P<0,05$) mais elevado em T3 seguido de T2 e T1 (Tabela 25). A variação na percentagem de TDN das rações experimentais deveu-se às diferenças observadas nas digestibilidades da OM, CP, EE e NFE (Tabela 21). Os teores de DE e EM das rações experimentais mostraram uma tendência semelhante à do TDN.

5.6.3. Plano de nutrição

O plano de nutrição (Quadro 26) dos borregos em crescimento alimentados com rações experimentais contendo diferentes fontes de alimentos grosseiros no presente estudo indicou que os consumos de DCP e TDN observados eram superiores às necessidades nutricionais sugeridas pelo ICAR (1998) para os borregos com 20 kg de peso corporal e em crescimento à taxa de 100 g/dia.

5.7. ESTUDOS DE ABATE.

Não foram observadas diferenças significativas no peso antes do abate, no peso do corpo vazio e no peso da carcaça quente (kg) entre os cordeiros alimentados com rações experimentais no presente estudo (Tabela 27). A porcentagem de gordura, tanto com base no peso vivo quanto no peso do corpo vazio, entre os vários grupos de tratamento não foi estatisticamente significativa (P>0,05). Urbaniak *et al.* (2000) relataram que ovelhas (ovelhas Black-headed Mutton x carneiros mestiços Polish Merino) alimentadas com misturas completas peletizadas com diferentes Energias Metabolizáveis (EM) não influenciaram significativamente a percentagem de preparação ou a composição morfológica da carcaça. Costa *et al.* (2008) recomendaram rações completas contendo 50% de volumoso e 50% de concentrado para a criação de cabras Saanen, quando o abate foi realizado em torno de 22 kg de peso vivo para uma produção econômica de carcaça. No presente estudo, o peso dos cordeiros antes do abate variou de 20,67 a 21,63 kg. Reddy *et al.* (2005) referiram que uma dieta completa peletizada contendo farinha de colza cozinhada sob pressão e submetida a extrusão com expansor apresentava uma maior percentagem de preparação e proporção de carne magra em borregos Nellore quando comparada com uma dieta convencional.

No presente estudo, não houve diferença significativa (P>0,05) entre os três grupos de tratamento para a porção comestível (%), a porção não comestível (%) e a sua relação.

A percentagem de gordura na carcaça dos borregos alimentados com pellets extrudidos de expansão à base de palha de milho (T2) foi significativamente (P<0,05) superior à dos borregos alimentados com T1 ou T3.

A proporção de carne e osso também não foi significativa (P>0,05) no presente estudo. Krishna Mohan e Charyulu (1983) estudaram as características da carcaça de ovelhas castanhas de Nellore e não registaram diferenças significativas (P>0,05) na proporção de carcaça de carne e osso entre os grupos que receberam rações completas contendo várias proporções de aveia em relação ao concentrado.

Não houve diferença significativa (P>0,05) nos pesos dos órgãos (Tabela 28) e dos cortes inteiros para venda (Tabela 29) com base na % de peso antes do abate e na proporção dos diferentes cortes inteiros para venda das ovelhas alimentadas com várias rações experimentais no presente estudo. Nagi *et al.* (2006) referiram que as dietas completas à base de palha de arroz fornecidas a cordeiros Deccani apresentavam uma percentagem mais elevada de preparação, rácio de carne com osso e rácio de carne não comestível para comestível quando comparadas com a dieta convencional (mistura de concentrado e forragens grosseiras fornecidas separadamente) e sem diferenças significativas (P<0,05) no que diz respeito aos cortes inteiros e concluíram que a palha de arroz incorporada em dietas completas melhorava as várias características da carcaça.

Os dados do presente estudo indicaram que o bagaço de sorgo doce, que é uma fonte de forragem não convencional mais recente e mais barata, pode ser utilizado a 50% (substituindo o caule de jowar e o caule de milho) em rações completas processadas com extrusora expansora sem afetar o desempenho, a digestibilidade dos nutrientes e as características da carcaça dos borregos.

CAPÍTULO 6

RESUMO

Foram formuladas três rações completas utilizando palha de jowar (T1), palha de milho (T2) e bagaço de sorgo doce (T3) a 50% e transformadas em pellets de extrusora expansora. Estas rações foram avaliadas em 18 borregos em crescimento, distribuindo os três grupos alimentares acima referidos num desenho completamente aleatório (CRD) num ensaio de crescimento e metabolismo durante 120 dias.

Durante o ensaio de crescimento, foram registados o consumo diário de ração e os pesos corporais quinzenais. Após 60 dias de ensaio de crescimento, foi realizado um ensaio metabólico para determinar a digestibilidade dos nutrientes e o equilíbrio de azoto, cálcio e fósforo. No final da experiência, foram abatidos três animais representativos de cada grupo para estudar as características da carcaça.

A ingestão média diária de matéria seca (DMI) por 100 kg de peso corporal foi de 5,64, 5,95 e 5,97 para T1, T2 e T3, respetivamente. A ingestão de MS foi significativamente maior ($P<0,05$) em T2 e T3 do que em T1.

As digestibilidades médias de MS, OM, CP, CF, EE e NFE variaram de 58,96 (T1) a 68,20 (T3); 59,60 (T1) a 71,64 (T3); 65,98 (T1) a 71,91 (T3); 52,54 (T1) a 59,73 (T3); 74,18 (T1) a 87,06 (T3) e 60,66 (T1) a 75,63 (T3) por cento, respetivamente. A digestibilidade dos nutrientes foi significativamente ($P<0,05$) maior nas dietas à base de bagaço de sorgo doce (SSB) (T3) do que na dieta à base de palha de milho (T2), que por sua vez foi maior ($P<0,05$) do que a dieta à base de palha de jowar (T1).

Os coeficientes de digestibilidade da FDN e da celulose foram significativamente ($P<0,05$) mais elevados em T3 e T2 em comparação com T1. A digestibilidade do ADF foi significativamente maior ($P<0,05$) em T2 do que em T3 que, por sua vez, foi maior ($P<0,05$) do que em T1. Não houve diferença significativa ($P>0,05$) com relação à digestibilidade da hemicelulose.

Todos os borregos experimentais apresentavam balanços positivos de azoto, cálcio e fósforo. Os balanços de azoto e fósforo não foram significativos ($P>0,05$) entre os grupos de tratamento. O balanço de Ca (g/d) nos animais alimentados com T1 foi significativamente ($P<0,05$) superior ao de T2.

O teor de DCP foi de 7,20±0,05, 8,12±0,11 e 7,27±0,07 por cento para T1, T2 e T3, respetivamente, e o teor de DCP de T2 foi significativamente maior ($P<0,05$) do que o de T1 e T3.O teor de TDN foi de 53,77±0,20, 63,42±0,10 e 68,05±0,45 por cento para T1, T2 e T3, respetivamente, e o teor de TDN de T3 foi significativamente mais elevado ($P<0,05$) do que o de T2, que, por sua vez, foi mais elevado ($P<0,05$) do que o de T1.

No estudo de crescimento, o ganho médio diário (ADG) das ovelhas alimentadas com T1, T2 e T3 foi de 70,16, 77,36 e 81,25 g, respetivamente, e não foi estatisticamente diferente ($P>0,05$). O ADG em T3 foi superior a T1 e T2 em 15,81 e 5,07 por cento, respetivamente. A taxa de conversão alimentar (FCR) foi de 10,15 (T1), 9,63 (T2) e 9,51 (T3), respetivamente. A ração necessária por kg de ganho foi menor em T3 em

6,7% em comparação com T1, embora as diferenças não tenham sido estatisticamente significativas (P>0,05) com outros dois grupos de tratamento. O custo da ração por quintal foi menor nos pellets extrusados expansores à base de SSB em comparação com os pellets extrusados expansores à base de jowar e de palha de milho.

O peso vivo médio (kg) ao abate variou de 20,67 (T1) a 21,67 (T2) por cento e o peso do corpo vazio (kg) variou de 13,84 (T1) a 15,58 (T2) por cento nos diferentes grupos de tratamento, mas as diferenças não foram estatisticamente significativas (P>0,05). Não foram observadas diferenças significativas (P>0,05) entre os grupos de tratamento para a porcentagem de gordura com base no peso vivo ou com base no peso do corpo vazio, porcentagem de vísceras comestíveis e não comestíveis, proporção de diferentes cortes, porcentagem de carne magra, porcentagem de osso e relação carne: osso. A proporção de gordura na carcaça dos cordeiros alimentados com pellets extrudidos de expansor à base de palha de milho (T2) foi significativamente (P<0,05) superior à dos cordeiros alimentados com T1 ou T3.

Os dados do presente estudo indicaram que o bagaço de sorgo doce, que é uma fonte de forragem não convencional mais recente e mais barata, pode ser utilizado (em vez de palha de jowar e palha de milho) através da incorporação em rações completas processadas com extrusora expansora sem afetar o desempenho, a digestibilidade dos nutrientes e as características da carcaça de borregos em crescimento.

Literatura citada

Afzal Yasir, Ganai A M, Ganai F A M, Mattoo F A e Ahmad H A 2008 Performance of sheep fed different roughage based complete feed blocks Indian Journal of Animal Nutrition 25:357-361.

Aganga A 1993 Water utilization by sheep and goats in Northern Nigeria World Animal Review Issue number 73:9-14.

Almodares A, Jafarinia M, e Hadi M R 2009 Os efeitos do fertilizante azotado nas composições químicas do milho e do sorgo doce American-Eurasian Journal of Agriculture & Environmental Science 6 (4): 441-446.

AOAC 1997 Official Methods of Analysis 16th Ed. Association of Official Analytical Chemists, Maryland, EUA.

Babiker Z A, Mukhtar Amir M S e El Khidir O A 2009 Feedlot performance of sudan baggara bulls fed pelleted and unpelleted bagasse based diets Pakistan Journal of Nutrition 8: 384-387.

Badwaik G D, Deshmukh S V, Kalbande V H and Pawar A S 1996 Comparative evaluation of jowar (Sorghum bicolor) and maize (Zea mays) forders in crossbred calves. Indian Journal of Animal Nutrition 15(2):144-146.

Beardsley D W 1964 Symposium of forage utilization: nutritive value of forage as affected by physical form Part 2. Estudos com bovinos de carne e ovinos. Journal of Animal Science 23: 239-245.

Birthal P S, Jha A K e Pal S 2005 Agenda for livestock research Memo. National Centre for Agricultural Economics and Policy Research, Nova Deli, Índia.

Blummel M, Rao S S, Palaniswami S, Shah L e Reddy B V S 2009 Animal Nutrition and Feed Technology 9:1-10.

Broderick G A 1975 Factors affecting ruminant responses to protected amino acids. In: Nutritional Quality of Foods and Feeds, parte 2. (Ed. M.Friedman). Marcel Dekker, Nova Iorque, pp.211-259.

Bruni R e Antongiovanni M 1998 Alimentos fibrosos na zona mediterrânica: Caracterização e utilização. Opções Mediterrânicas. Série B: Estudos e Investigações. p 9-16

Bush R S, Mac Intyme T M e Nicholson J W G 1978 Pelleted grower, finisher rations for lambs. Canadian Journal of Animal Science 58: 571577.

Chauhan T R and Randhawa S S 1983 Comparative study on the yield and nutritive value of sorghum forrage hay. Jornal Indiano de Ciência Animal 53:1013-1015

Church D C e Kellems R O 1998 High Energy Feedstuffs. Em Kellems, R O e Church D C (Eds.) Livestock Feeds and Feeding. 4ª Ed. Prentice Hall, Nova Jersey, EUA.

Costa R G, Medeiros A N de, Santos N M dos, Cruz S E S B S, Silva R G da, Melo L S de, Madruga M S. 2008 Qualidade da carcaça de cabras Saanen alimentadas com diferentes níveis de alimentos grosseiros e concentrados Archivos Latinoamericanos de Produccion Animal 16: 2, 78-83

Dhage S A, Kamble S S, Fernandes A P, Jadhav B S, Jagtap D Z 2008 Eficiência da conversão alimentar e características da carcaça de cordeiros Deccani alimentados com dhaincha (*Sesbania aculeata*) e luzerna (*Medicago sativa*) Journal of Maharashtra Agricultural Universities. 2008. 33: 3, 411-412

Dhore R N, Khune R K, Shital Chonde e Dhok A P 2007. Performance of goats fed fed sorhum straw based pelleted complete ration. Jornal Indiano de Investigação Animal. 2007. 41: 4, 274-277.

Dhuria R K, Purohit G R e Sharma T.2007.Evaluation of Bajra straw based complete feed in sheep. Indian

Journal of Animal Nutrition.24(4):209-211.

Duncan D B 1955 Multiple range and multiple F-tests, Biometrics 11:1-42

Dwivedi P N, Goyal R K e Singh K K 2003 Preparação e avaliação de blocos de alimentos completos densificados para búfalos em crescimento. Indian Journal of Animal Nutrition 20 (2) : 202 - 205.

Gampawar A S and Bhaisawar D N 1985 Yield, chemical composition and nutritive value of improved ramkel jowar (Sorghum bicolor) at different stages of maturity. Jornal Indiano de Nutrição Animal 2 (4):363-366

Gerrard F 1964 Meat Technology 3rd Edition, Leonard Hell Limited, Londres.

Glimp H A, Karr M R, Little C O, Woolfolk P G, Mitchell G E e Hudson, L W 1967 Effect of reducing soyabean protein solubility by dry heat on the protein utilization of young lambs. Journal of Animal Science, 26:858-861.

Govindaiah T, Reddy M R e Reddy G V N 1991 Effect of physical processing on the utilization of nutrients of maize straw among sheep and goats. Indian Journal of Animal Science 61(11):1214-1217.

ICAR 1998 Nutrient requirements of Livestock and poultry (Necessidades de nutrientes do gado e das aves de capoeira). 2ª edição revista. Conselho Indiano de Investigação Agrícola, Nova Deli, Índia.

Jahn R e Kamastra L D 1960 Pelleting roughage rations. South Dakota Agricultural Experimental Farm and Home Research 11:20-25

Jatinder Singh, Amit Sharma, Handa M C e Nagra S S.2009.Effect of different concentrate roughage ratio on growth performance,Carcass Characteristuics and Economics of production of beetal kids under stall feeding. Indian Journal of Animal Nutrition.26(4):354-357.

Jensen A H e Becker D E 1965 Effect of pelleting roughage rations. South Dakota Agri. Expt.Farm and Home.Res.11:20

Jodha N S 1992 Recursos de propriedade comum: A missing dimension of development strategies. World Bank Discussion Paper 169 Banco Mundial, Washington, DC, EUA.

Joji Reddy K e Reddy M R 1985 Effect of feed processing on Carcass quality in Nellore rams. Indian Journal of Animal Science 55 (8) : 697.

Joshi D C, Lalwani D D 1987 Sweet sorghum (Sorghum bicolor) as feed cattle and sheep voluntary intake and nutritive values of the forder. Indian Veterinary Journal 54:1018-1020.

Kishore A and Verma M L 2000 Comparative feeding value of Dinanath grass and sorghum forder for cross breed heifers. Indian Journal of Animal Nutrition 17 (4):311-314.

Krishna Mohan D V G and Charyulu E K 1983 Studies on growth, nutrient utilization and carcass characteristics in lambs fed fed rations having different proportions of concentrate to roughage. Indian Journal of Animal Science 53 : 314.

Kumari N N, Reddy R Y, Blummel M, Nagalakshmi K, Sudhakar K, Alexander G, Reddy B S 2009 Avaliação físico-química e in vivo do bagaço de sorgo doce em ovelhas Deccani. In Diversification of Animal Nutrition Research in the Changing Scenario, Volume, 17-19 de dezembro de 2009, Bangalore (Índia), p. 136.

Kundu S S, Favier J F , Sharma D D, Gupta P D, Raj Reddy M e Pachauri V C 1995 Densification of Roughage. Handbook for Straw Feeding Systems Kiran Singh and J B Schiere (Eds.), 1995 ICAR, New Delhi, India.

Madhavi K, Reddy T J, Ramana Reddy Y e Reddy G V N 2009 Effect of feeding differently processed detoxified neem (Azadirachta indica) seed cake based complete diets on growth, nutrient utilization and carcass characteristics in Nellore sheep. Indian Journal of Animal Nutrition 26(2):130-134.

Mahuyuddin M, Yahey M, Ibrahim J, Dajanegar A e Sukmatwati A 1994 The effect of pelleting of sago pith meal diets on the performance of growing sheep. Produção animal sustentável e ambiente.

Misra, A.K., Chauhan, Yadav, S.K., e Maruthi Sankar, G.R. 2009. Nuttritive value of commonly used feed resources in Telangana Region of Andhra Pradesh. Jornal Indiano de Nutrição Animal 26(1):23-28

Mosi A K e Butterworth M H. 1985. The voluntary intake and digestibility of cereal crop residues and legume hay for sheep. Animal Feed Science and Technology

Nagalakshmi D e Reddy D N 2010 Effect of feeding expander extruder processed complete diet containing sugarcane bagasse on performance of Murrah buffaloes Animal Nutrition and Feed Technology 10:1-8.

Nagalakshmi D, Narasimha Reddy D e Kishan Kumar M 2004 Performance of Murrah buffaloes fed fed expander pelleted cotton straw based diets. Animal Nutrition and Feed Technology 4: 23 - 32.

Nagi, P R S, Reddy D N, Nagalakshmi D, Reddy Y R, Raghunandan T 2006 Effect of paddy straw particle size on carcass characteristics of lambs fed complete diets. Indian Journal of Small Ruminants 12: 2, 146-151.

Naik P K e Sengar S S 2000 Performance of murrah buffalo heifers fed fed ammoniated wheat straw based complete diets with different sources of nitrogen. Indian Journal of Animal Nutrition 17 (3): 222 - 226.

Nicholson J W G, McQueen R E, Allen J G and Bush R S 1996 Effect of mash or pelleted supplements containing crab meal on intake and weight gains of beef cattle. Canadian Journal of Animal Science 76:95-103

Pailan G H, Mahanta S K e Verma N C 2009 Nutrients Utilization in Murrah and Bhandwari Buffalo calves fed Sorghum stover based diet Indian Journal of Animal Nutrition 26(4):72-74.

Pandya P R, Desai M C, Patel G R, Talpada P M, Pande M B e Parnerkar S.2009.Criação económica de vitelos de raça cruzada com alimentos completos, baseados em bagaço de cana de açúcar e alimentos não convencionais. Indian Journal of Animal Nutrition.26(3):211-215.

Parra R e Escobar A 1985 Utilização de resíduos agrícolas fibrosos na alimentação de ruminantes na América Latina. In: Preston, T.R., Kossila, V.L., Goodwin, J. e Reed, R.J.S. (eds), Better Utilization of Crop Residues and By-Products in Animal Feeding. Organização das Nações Unidas para a Alimentação e a Agricultura, Roma, Itália, pp. 81 -98.

Patel K M, Patel K S, Wadhwani K N, Parnerkar S, Pandya P R e Patel A M 2004 Comparative Growth Performance of Weaner Lambs on Non-conventional Based Ration Under Intensive Production System Vol. 6, No 5 pp: 860-864 Revista Internacional de Agricultura e Biologia

Pinto A A, Prado-IN-do, Zeoula L M, Sakaguti E S, Westphal G e Do Prado I N, 1996 Efeito do farelo de colza com ou sem farelo e do farelo de colza peletizado no desempenho e no rendimento de carcaça de novilhas Nellore (Ongole) em regime de confinamento. Revista Unimar. 18 : 3, 553 - 566.

Pradhan K 2003 Actas do seminário sobre "Current status of feed processing and future strategies" na Universidade Agrícola ANGR, Hyderabad, Índia.

Rajmane S M e Deshmukh S V 2000 Nutritional evaluation of complete rations in goats. Indian Journal of

Animal Nutrition 17 : 246 - 248.

Rao A R, Prasad J R, Krishna N, Raghavan G V 1994 Avaliação de rações completas contendo importantes recursos fibrosos em ovinos nativos Indian Journal of Animal Nutrition 11: 2, 91-96

Raut, R.G., Rekhate, D.H. e Dhok, A.P. 2002. Invitro evaluation of Arhar (Cajanuscajan) straw based pelleted complete feed and dry matter intake in goats Indian Journal of Animal Nutrition 19: 135-139.

Reddy B V S, Ramesh S, Reddy P S, Ramaiah B, Salimath P M e Kachapur R 2005 Sweet sorghum a potential alternative raw material for bio-ethanol and bio-energy. International Sorghum and Millets Newsletter, 46:79-86.

Reddy G V N e Reddy M R 1983a Rações completas peletizadas para ovinos utilizando subprodutos agro-industriais e resíduos de culturas. Indian Journal of Animal Sciences 53 : 266 - 270.

Reddy G V N and Reddy M R 1998 Utilization of expander-extruder processed complete diet containing sunflower heads in Ongole bull calves. Indian Journal of Animal Nutrition 15:272-275.

Reddy G V N e Reddy M R 1999 Effect of feeding extruded complete diet containing maize cobs in Ongole bull calves. Indian Journal of Animal Nutrition 16:210-214.

Reddy G V N, Dipti Wilhelmina P e Reddy M S 2003 Effect of differently processed complete diet on performance of murrah buffalo. Indian Journal of Animal Nutrition 20 (2): 131 - 135.

Reddy G V N, Joji Reddy K e Nagalakshmi D 2001 Effect of feeding expander extruder processed complete diet containing maize cobs on production performance of buffaloes. Jornal Indiano de Nutrição Animal, 18:8-14.

Reddy G V N, Joji Reddy K e Nagalakshmi D 2001b Effect of feeding expander extruder processed complete diet containing maize cobs on production performance of buffaloes. Indian Journal of Animal Nutrition 18 (1) : 8 - 14.

Reddy G V N, Reddy J K and Nagalakshmi D 2002 Effect of expander-extruder processed complete diet containing sugarcane bagasse on growth and nutrient utilization in ongole bull calves. Indian Journal of Animal Sciences 72(5):406-409.

Reddy G V N, Reddy M R e Reddy P B 1993 Utilization of certain varieties of sorghum straw by sheep (Utilização de certas variedades de palha de sorgo por ovinos). Jornal Indiano de Nutrição Animal 10:173-176

Reddy G V N, Wilhelmina P D, Reddy M S 2005 Title Effect of rapeseed meal based expander extruder processed complete diets on milk & meat production in field conditions Indian Journal of Animal Sciences 75:1, 74-76.

Reddy M R e Reddy G V N 1992 Effect of processing on the nutritive value of eight crop residues and two forest grasses in goats and sheep. Asian Astralasian Journal of Animal Science.5 (2):295-301.

Reddy S K, Reddy G V N e Reddy M R 1994b Nutrient utilization and growth performance of cross bred bred heifers fed on forrage based complete diet. Indian Journal of Animal Sciences 64(8):862-866.

Reddy, D.N. e Reddy, M.R. (1988). Effect of feeding complete rations on growth performance and nutrient utilization in growing crossbred calves. Indian Journal of Animal Science. 53: 697-700.

Samantha A K, Singh K K, Das M M, Maity B B e Kundu S S 2003 Effect of complete feed block on nutrient utilization and rumen fermentation in Barbari goats. Small Ruminant Research 48 : 95 - 102.

Schaffert R E e Gourley L M 1982 Sorghum as energy source. Pp 605-623. In: Actas do Simpósio Internacional sobre Sorgo, 2-7 de novembro de 1981, Patancheru, Índia.

Sehgal J P, Prasad V S S e Patnayak 1989 Evaluation of complete feeds containing rain fed cow pea hay for mutton production. Indian Journal Animal Science 61 : 335-336.

Serrano X, Baucells M D, Barrota A C e Puchal F 1998 Efeitos da dieta extrudida no desempenho produtivo de vitelos desmamados e pós-desmamados. Ciência e Tecnologia da Alimentação Animal 70:275-279

Sharma V V, Harwar B N e Taparia A L 1972 Utilization of sorghum stover by Cattle. Indian Journal of Animal Nutrition. 42:480-487.

Shehata M N e Nour A M 1986 Rice straw in complete pelleted diets for sheep (Palha de arroz em dietas completas peletizadas para ovinos). Proc. Workshop ARNAB. Alexandria, Egipto. outubro de 1985. 79-86.

Shukla G K, Gupta S K e Singh L, Rao S S, Rathavathi C V e Dayakar Rao B 2006 Produção piloto bem sucedida de bioetanol a partir de sorgo doce na Índia subtropical. Jowar Samachar 2:1.

Silanikove N., 1986, Interrelação entre qualidade da ração, digestibilidade, consumo de ração e necessidades energéticas em cabras do deserto (Beduíno) e de clima temperado (Saanen). Journal of Dairy Science 69, 2157-2162.

Sivaiah K, Ramachandra Ramteke, and Pande S 2003 Effects of feeding healthy versus diseased jowar straw and groundnut haulms on voluntary dry matter intake and nutrient utilization in buffaloes. Evaluation of the Effects of Plant Diseases on Yield and Nutritive value of Crop Residues Used for Periurban Dairy Production on the Deccan Plateau of India (Avaliação dos efeitos das doenças das plantas no rendimento e no valor nutritivo dos resíduos de culturas utilizados para a produção leiteira periurbana no planalto de Deccan na Índia): Resumo dos procedimentos de uma oficina de trabalho, 19-22 de fevereiro de 2003, ICRISAT, Patancheru, Índia. Página.19-22.

Snedecor G W e Cochran W G 1968 Statistical methods. 6ª edição. Oxford e IBH publishers, Nova Deli, Índia.

Srinivasa Rao, D., Nagalakshmi, D. e Ramana Reddy, Y. 2009. Actas da 13.ª Conferência Bienal de Nutrição Animal realizada no NIANP, Bangalore.p.175.

Stepankina M e Kotlov A 1970 A sucessão de alimentos e processos microbianos no rúmen das vacas. Vestn.Sel-khoz Nauki, Mosk (No.9):6.

Suresh kumar P, Tomar S K, Sengar S S. 2000 Effect of wheat straw based complete diets on feed intake and nutrient utilization in buffaloes. Indian Journal of Animal Nutrition. 7: 4, 341-343.

Suresha C, Ramachandra B, Suresh B N, Madhav Prasad C B e Shetter V B. 2009 Evaluation of Red Gram and Bengal Gram Straw Based Pelleted Complete Diets in Goats Indian Journal of Animal Nutrition 26(4):349-353.

Talapatra S K, Roy S C e Sen K C 1940 The analysis of mineral constituents in biological materials. Estimativa do fósforo, cloro, cálcio, manganês, sódio e potássio nos géneros alimentícios. Indian Journal Veterinary Science and Animal Husbandry 10: 243.

Teka Habtamu, Ashok kumar e Mondal B C 2008 Composição química e degradabilidade da matéria seca no tabaco das forragens de dois cultivadores de sorgo Indian Journal of Animal Nutrition 25.50-53.

Tesfaye Desalew (2008) Assessment of Feed Resources and Rangeland Condition in Metema District of North Gondar Zone, Ethiopia M.Sc. Thesis, Haramaya University.

Tumbare S M, Shah A A, Deshmukh S V. 2001 Urea ammoniated wheat straw as value added straw in complete feed of sheepAnimal Nutrition and Feed

Tecnologia 1:2,125-130.

Urbaniak M, Potkan'ski A, Frankiewicz A, Przybecka I, Matyniak J. 2000. Produtividade e composição corporal de carneiros cruzados Black-headed Mutton × Polish Merino alimentados com misturas completas de granulados com diferentes concentrações de energia. Journal of Animal and Feed Sciences Vol. 9 No. 4 pp. 605-614.

Van Soest P J, Robertson J D, and Lewis B A 1991 Methods for dietary fibre, neutral detergent fibre non-starch polysaccharides in relation to animal nutrition. Journal of Dairy Science 74: 3583-3597.

Wanghmare B S, Badve V C, Joshi A L e Rangnekar D V 1987 Steam treatment of hybrid sorghum straw (Sorghum vulgare) for feeding cattle. Indian Journal of Animal Nutrition 4:166-169.

Zile Sihag S, Nand Kishore e Berwal R S 2008. Utilização de palha de leguminosas em alimentos completos peletizados para borregos em crescimento. Indian Journal of Animal Nutrition.25(3):252- 255

MIX
Papier aus verantwortungsvollen Quellen
Paper from responsible sources
FSC® C105338

Printed by Books on Demand GmbH, Norderstedt / Germany